建筑给排水与施工技术研究

李海兴　杨华 ◎ 著

中国建材工业出版社

北京

图书在版编目（CIP）数据

建筑给排水与施工技术研究/李海兴，杨华著. --
北京：中国建材工业出版社，2024.4
ISBN 978-7-5160-3988-5

Ⅰ.①建… Ⅱ.①李… ②杨… Ⅲ.①建筑工程－给
水工程－工程施工－研究②建筑工程－排水工程－工程施
工－研究 Ⅳ.①TU82

中国国家版本馆CIP数据核字（2024）第008052号

内 容 简 介

　　随着人们生活水平的不断提高，人们对建筑给排水的要求越来越高，因此，给排水设计越来越重要，虽然我国重要的建筑给排水设计已经较为完善，但是在实际生活中，仍然存在许多问题。本书从建筑给水系统基础入手，分析了给水系统的分类、组成与方式、常用管材、附件和水表、给水管道的布置、敷设与水质防护、给水设计流量、增压与调节设备，之后重点分析建筑排水系统、居住小区及特殊地区给排水系统的施工与技术，最后探讨自喷给水系统与施工技术等相关内容，条理清晰，内容精炼，重点突出，选材新颖，具有实用性、综合性。希望通过本书能够给从事相关行业的读者们带来一些有益的参考和借鉴。

建筑给排水与施工技术研究
JIANZHU GEIPAISHUI YU SHIGONG JISHU YANJIU
李海兴　杨　华　著
出版发行：中国建材工业出版社
地　　　址：北京市西城区白纸坊东街2号院6号楼
邮政编码：100054
经　　　销：全国各地新华书店
印　　　刷：北京四海锦诚印刷技术有限公司
开　　　本：787mm×1092mm　1/16
印　　　张：6.5
字　　　数：130千字
版　　　次：2024年4月第1版
印　　　次：2024年4月第1次
定　　　价：**88.00元**

前　言

在经济飞速增长的过程中，我国建筑业开始迎来更多的发展机遇，相应地，给排水工程施工项目也越来越多，建筑施工技术也不断提升，人们越发重视建筑给排水施工技术。给排水施工是建筑工程中非常重要的一个组成部分，其施工质量对建筑使用效果有直接影响。建筑给排水施工涉及较多工序内容，需要现场设计人员、施工人员从多角度统筹规划、合理部署，力求在现场施工中贯彻落实各项管理及施工技术等措施。但从目前给排水施工情况来看，给排水工程施工现场有较多不确定性因素，容易给施工技术应用与操作造成阻碍，无法保障人们的生产生活和消防等方面的安全性。面对此种情况，需要现场施工人员科学操作，以工程特征为依据，规范、有序地开展给排水施工，最大限度地保障工程施工安全和使用者财产安全。另外，直接关系着大众生活质量好坏的建筑给排水系统一旦出现问题，将给人们带来诸多麻烦。给排水工程的施工质量越好，给排水系统正常、稳定运行越有保障，建筑物的使用寿命也才会越长。

本书从建筑给水系统基础入手，分析了给水系统的分类、组成与方式、常用管材、附件和水表、给水管道的布置、敷设与水质防护，之后重点分析了建筑排水系统，最后探讨了居住小区及特殊地区给排水系统的施工与技术等相关内容。全书条理清晰，内容精炼，重点突出，选材新颖，具有实用性、综合性。希望本书的出版能给从事相关行业的读者们带来有益的参考和借鉴。

另外，作者在编写本书时参考了国内外同行的许多著作和文献，在此一并向其作者表示衷心的感谢。由于作者水平有限，书中难免存在不足之处，恳请读者批评指正。

著　者

2023 年 11 月

目 录

第一章　建筑给水系统

第一节　给水系统的分类、组成与方式

一、给水系统的分类与组成

建筑给水系统是将城镇给水管网（或自备水源给水管网）中的水引入一幢建筑或一个建筑群体，供人们生活、生产和消防之用，并满足各类用水对水质、水量和水压要求的冷水供应系统。

（一）给水系统的分类

给水系统按照其用途可分为以下 3 类。

1. 生活给水系统

供人们在不同场合的饮用、烹饪、盥洗、洗涤、沐浴等日常生活用水的给水系统。其水质必须符合国家规定的生活饮用水卫生标准。

2. 生产给水系统

供给各类产品生产过程中所需的用水、生产设备的冷却、原料和产品的洗涤及锅炉用水等的给水系统。生产用水对水质、水量、水压及安全性随工艺要求的不同而有较大的差异。

3. 消防给水系统

供给各类消防设备扑灭火灾用水的给水系统。消防用水对水质的要求不高，但必须按照建筑设计防火规范保证供应足够的水量和水压。

上述 3 类基本给水系统可以独立设置，也可根据各类用水对水质、水量、水压、水温的不同要求，结合室外给水系统的实际情况，经技术经济比较，或兼顾社会、经济、技术、环境等因素的综合考虑，设置成组合各异的共用系统。如生活、生产共用给水系统，生活、消防共用给水系统，生产、消防共用给水系统，生活、生产、消防共用给水系统。还可按供水用途的不同、系统功能的不同，设置成饮用水给水系统、杂用水（中水）给水

系统、消火栓给水系统、自动喷水灭火给水系统、水幕消防给水系统，以及循环或重复使用的生产给水系统等。

(二) 给水系统的组成

一般情况下，建筑给水系统由下列几部分组成。

1. 水源

水源指城镇给水管网、室外给水管网或自备水源。

2. 引入管

对于一幢单体建筑而言，引入管是由室外给水管网引入建筑内管网的管段。

3. 水表节点

水表节点是安装在引入管上的水表及其前后设置的阀门（新建建筑应在水表前设置管道过滤器）和泄水装置的总称。

此处水表用以计量该幢建筑的总用水量。水表前后的阀门用于水表检修、拆换时关闭管路之用。泄水口主要用于室内管道系统检修时放空之用，也可用来检测水表精度和测定管道进户时的水压值。设置管道过滤器的目的是保证水表正常工作及其量测精度。

水表节点一般设在水表井中。温暖地区的水表井一般设在室外，寒冷地区的水表井宜设在冬期最寒冷阶段不会冻结之处。

在非住宅建筑内部给水系统中，需计量水量的某些部位和设备的配水管上也要安装水表。住宅建筑每户住家均应安装分户水表（水表前也宜设置管道过滤器）。分户水表以前大都设在每户住家之内。现在的分户水表宜相对集中地设在户外容易读取数据之处。对仍需设在户内的水表，宜采用远传水表或 IC 卡水表等智能化水表。

4. 给水管网

给水管网指的是建筑内水平干管、立管和横支管。

5. 配水装置与附件

配水装置与附件包括配水水嘴、消火栓、喷头与各类阀门（控制阀、减压阀、止回阀等）。

6. 增 (减) 压和贮水设备

当室外给水管网的水量、水压不能满足建筑用水要求，或建筑内对供水可靠性、水压稳定性有较高要求时，以及在高层建筑中需要设置各种设备，如水泵、气压给水装置、变频调速给水装置、水池、水箱等增压和贮水设备。当某些部位水压太高时，需设置减压设备。

7. 给水局部处理设施

当有些建筑对给水水质要求很高、超出我国现行生活饮用水卫生标准或其他原因造成水质不能满足要求时，就需要设置一些设备、构筑物进行给水深度处理。

二、给水方式

给水方式是指建筑内给水系统的具体组成与具体布置的实施方案（同时，根据管网中水平干管的位置不同，又分为下行上给式、上行下给式、中分式、枝状及环状等形式）。现将给水方式的基本类型介绍如下。

（一）利用外网水压直接给水方式

1. 室外管网直接给水方式

当室外给水管网提供的水量、水压在任何时候均能满足建筑用水时，直接把室外管网的水引入建筑内各用水点，我们将这种方式称为直接给水方式。

在初步设计过程中，可用经验法估算建筑所需水压，初步判断能否采用直接给水方式，即 1 层为 100kPa，2 层为 120kPa，3 层以上每增加 1 层，水压增加 40kPa。

2. 单设水箱的给水方式

该方式在用水低峰时，利用室外给水管网水压直接供水并向水箱进水。用水高峰时，水箱出水供给给水系统，从而达到调节水压和水量的目的。当室外给水管网提供的水压只是在用水高峰时段出现不足时，或者建筑内要求水压稳定，并且该建筑具备设置高位水箱的条件，可采用单设水箱的方式。

（二）设有增压与贮水设备的给水方式概述

1. 单设水泵的给水方式

当室外给水管网的水压经常不足时，可采用这种方式。当建筑内用水量大且较均匀时，可用恒速水泵供水。当建筑内用水不均匀时，宜采用多台水泵联合运行供水，以提高水泵的效率。

值得注意的是，因水泵直接从室外管网抽水，有可能使外网压力降低，影响外网上其他用户用水，严重时还可能形成外网负压，在管道接口不严密处，会将供水系统外的水吸入管内，造成水质污染。因此，采用单设水泵的给水方式，必须征得供水部门的同意，并在管道连接处采取必要的防护措施，以防污染。

2. 设置水泵和水箱的给水方式

当室外管网的水压经常不足、室内用水不均匀，且室外管网允许直接抽水时，可采用设置水泵和水箱的给水方式。该方式中的水泵能及时向水箱供水，可减小水箱容积，又由于有水箱的调节作用，水泵出水量稳定，能在高效区运行。

3. 设置贮水池、水泵和水箱的给水方式

对建筑的用水可靠性要求高，室外管网水量、水压经常不足，且不允许直接从外网抽水，或者是用水量较大，外网不能保证建筑的高峰用水，再或是要求贮备一定容积的消防水量时，都应采用这种给水方式。

4. 设置气压给水装置的给水方式

当室外给水管网压力低于或经常不能满足室内所需水压、室内用水不均匀，且不宜设置高位水箱时可采用此方式。该方式即在给水系统中设置气压给水设备，利用该设备气压水罐内气体的可压缩性，协同水泵增压供水。气压水罐的作用相当于高位水箱，但其位置可根据需要较灵活地设在高处或低处。

5. 设置变频调速给水装置的给水方式

当室外供水管网水压经常不足，建筑内用水量较大且不均匀，要求可靠性较高、水压恒定时，或者建筑物顶部不宜设高位水箱时，可以采用变频调速给水装置进行供水。这种供水方式可省去屋顶水箱，水泵效率较高，但一次性投资较大。

（三）分区给水方式

分区给水方式适用于多层和高层建筑。

1. 利用外网水压的分区给水方式

对于多层和高层建筑来说，室外给水管网的压力只能满足建筑下部若干层的供水要求。为了节约能源，有效地利用外网的水压，常将建筑物的低区设置成由室外给水管网直接供水，高区由增压贮水设备供水。为保证供水的可靠性，可将低区与高区的 1 根或几根立管相连接，在分区处设置阀门，以备低区进水管发生故障或外网压力不足时，打开阀门由高区向低区供水。

2. 设置高位水箱的分区给水方式

设置高位水箱的分区给水方式一般适用于高层建筑。高层建筑生活给水系统的竖向分区，应根据使用要求、设备材料性能、维护管理条件、建筑高度、节约供水、能耗等综合因素合理确定。一般各分区最低卫生器具配水点处的静水压力不宜大于 0.45MPa。静水压力大于 0.35MPa 的入户管（或配水横管），宜设减压或调压设施。

这种给水方式中的水箱，具有保证管网中正常压力的作用，还兼有贮存、调节、减压作用。根据水箱的不同设置方式又可分为以下 4 种形式。

（1）并联水泵、水箱给水方式

并联水泵、水箱给水方式是将每一分区分别设置一套独立的水泵和高位水箱，向各区供水。其水泵一般集中设置在建筑的地下室或底层。

这种方式的优点是：各区自成一体，互不影响；水泵集中，管理维护方便；运行动力费用较低。其缺点是：水泵数量多，耗用管材较多，设备费用偏高；分区水箱占用楼房空间多；有高压水泵和高压管道。

（2）串联水泵、水箱给水方式

串联水泵、水箱给水方式是将水泵分散设置在各区的楼层之中，下一区的高位水箱兼作上一区的贮水池。

这种方式的优点是：无高压水泵和高压管道，运行动力费用经济。其缺点是：水泵分散设置，连同水箱所占楼房的平面、空间较大；水泵设在楼层，防振、隔声要求高，且管理维护不方便；若下部发生故障，将影响上部的供水。

（3）减压水箱给水方式

减压水箱给水方式是由设置在底层（或地下室）的水泵将整幢建筑的用水量提升至屋顶水箱，然后再分送至各分区水箱，分区水箱起到减压的作用。

这种方式的优点是：水泵数量少，水泵房面积小，设备费用低，管理维护简单；各分区减压水箱容积小。其缺点是：水泵运行动力费用高；屋顶水箱容积大；建筑物高度大、分区较多时，下区减压水箱中浮球阀承压过大，易造成关闭不严的现象；上部某些管道部位发生故障时，将影响下部的供水。

（4）减压阀给水方式

减压阀给水方式的工作原理与减压水箱供水方式相同，其不同之处是用减压阀代替减压水箱。

3. 无水箱的给水方式

（1）多台水泵组合运行方式

在不设水箱的情况下，为了保证供水量和保持管网中的压力恒定，管网中的水泵必须一直保持运行状态。但是建筑内的用水量在不同时间里是不相等的，因此要达到供需平衡，可以采用同一区内多台水泵组合运行。

这种方式的优点是：省去了水箱，增加了建筑有效使用面积。其缺点是：所用水泵较多，工程造价较高。根据不同组合还可分为以下两种形式。

①无水箱并列给水方式

无水箱并列给水方式即根据不同高度分区采用不同的水泵机组供水。这种方式初期投资大，但运行费用较少。

②无水箱减压阀给水方式

无水箱减压阀给水方式即整个供水系统共用一组水泵，分区处设减压阀。该方式系统简单，但运行费用高。

（2）气压给水装置给水方式

气压给水装置给水方式是以气压罐取代了高位水箱，它控制水泵间歇工作，并保证管网中保持一定的水压。这种方式又可分为以下两种形式。

①并列气压给水装置给水方式

并列气压给水装置的特点是每个分区有一个气压水罐。其初期投资大，气压水罐容积小，水泵启动频繁，耗电较多。

②气压给水装置与减压阀给水方式

气压给水装置与减压阀是由一个总的气压水罐控制水泵工作，水压较高的区域用减压阀控制。

这种方式的优点是：投资较省，气压水罐容积大，水泵启动次数较少。其缺点是：各分区之间将相互影响。

（3）变频调速给水装置给水方式

变频调速给水装置给水方式的适用情况与（1）点所述多台水泵组合运行给水方式基本相同，只是将其中的水泵改用为变频调速给水装置即可，其常见形式为并列给水方式。该方式的优缺点除（1）点所述之外，还需要成套的变速与自动控制设备，工程造价高。

（四）分质给水方式

分质给水方式即根据不同用途所需的不同水质，分别设置独立的给水系统。饮用水给水系统供饮用、烹饪、盥洗等生活用水，水质符合《生活饮用水卫生标准》（GB 5749—2022）。杂用水给水系统，水质较差，仅符合"生活杂用水水质标准"，只能用于建筑内冲洗便器、绿化、洗车、扫除等用水。为确保水质，还可根据饮用水与盥洗、沐浴等生活用水分设两个独立管网的分质给水方式。生活用水均先进入屋顶水箱（空气隔断）后，再经管网供给各用水点，以防回流污染；饮用水则根据需要，经深度处理达到直接饮用要求，再行输配。

在实际工程中，如何确定合理的供水方案，应当全面分析该项工程所涉及的技术因素、经济因素、社会和环境因素。技术因素包括：对城市给水系统的影响、水质、水压、供水的可靠性、节水节能效果、操作管理、自动化程度等。经济因素包括：基建投资、年经常费用、现值等。社会和环境因素包括：对建筑立面和城市观瞻的影响、对结构和基础的影响、占地面积、对周围环境的影响、建设难度和建设周期、抗寒防冻性能、分期建设的灵活性、对使用带来的影响等。

有些建筑的给水方式，考虑到多种因素的影响，往往由两种或两种以上的给水方式组合而成。值得注意的是，有时候由于各种因素的制约，可能会使少部分卫生器具、给水附件处的水压超过规范推荐的数值，此时就应采取减压限流的措施。

第二节　常用管材、附件和水表

一、管道材料

建筑给水和热水供应管材常用的有塑料管、复合管、钢管、不锈钢管、有衬里的铸铁管和经可靠防腐处理的钢管等。

（一）塑料管

近些年来，给水塑料管的开发在我国取得了很大的进展。给水塑料管管材有聚氯乙烯管、聚乙烯管（高密度聚乙烯管、交联聚乙烯管）、聚丙烯管、聚丁烯管和 ABS 管等。塑料管有良好的化学稳定性，耐腐蚀，不受酸、碱、盐、油类等物质的侵蚀；物理机械性能也很好，不易燃、无不良气味、质轻且坚，密度仅为钢的五分之一，运输安装方便；管壁光滑，水流阻力小；容易切割，还可制造成各种颜色。当前，已有专供输送热水使用的塑料管，其使用温度可达 95℃。为了防止管网水质污染，塑料管的使用推广正在加速进行，并将逐步替代质地较差的金属管。

（二）给水铸铁管

我国生产的给水铸铁管，按其材质分为普通灰口连续铸铁管和球墨铸铁管，按其浇铸形式分为砂型离心铸铁直管和连续铸铁直管（但目前市场上小口径球墨铸铁管较少）。铸铁管具有耐腐蚀性强（为保证其水质，应有衬里）、使用期长、价格较低等优点。其缺点是性脆、长度小、质量大。

（三）钢管

钢管有焊接钢管、无缝钢管两种。焊接钢管又分镀锌钢管和不镀锌钢管。钢管镀锌的目的是防锈、防腐、避免水质变坏，延长使用年限。所谓镀锌钢管，是指热浸镀锌工艺生产的产品。钢管的强度高，承受流体的压力大，抗震性能好，长度大，接头较少，韧性好，加工安装方便，质量比铸铁管轻。但抗腐蚀性差，易影响水质。因此，虽然以前在建筑给水中普遍使用钢管，但现在冷浸镀锌钢管已被淘汰，热浸镀锌钢管也在有些场合限制使用（如果使用，须经可靠防腐处理）。

（四）其他管材

其他管材包括：铜管、不锈钢管、铝塑复合管、钢塑复合管等。

铜管可以有效防止卫生洁具被污染，且光亮美观、豪华气派。目前，其连接配件、阀门等也配套产出。根据我国的使用情况来看，其效果优良。只是由于管材价格较高，现在多用于宾馆等较高级的建筑之中。

不锈钢管表面光滑，亮洁美观，摩擦阻力小；质量较小，强度高且有良好的韧性，容易加工；耐腐性能优异，无毒无害，安全可靠，不影响水质。其配件、阀门均已配套。由于人们越来越讲究水质，不锈钢管的使用呈快速上升之势。

钢塑复合管有衬塑和涂塑两类，也生产有相应的配件、附件。它兼有钢管强度高和塑料管耐腐蚀、保持水质的优点。

铝塑复合管是中间以铝合金为骨架，内外壁均为聚乙烯等塑料的管道。除具有塑料管的优点外，还有耐压强度好、耐热、可挠曲、接口少、安装方便、美观等优点。目前，管材规格大都为 DN15～DN40，多用作建筑给水系统的分支管。

在实际工程中，应根据水质要求、建筑使用要求和国家现行有关产品标准的要求等选择管材。生活给水管应选用耐腐蚀和连接方便的管材，一般可采用塑料管（高层建筑给水立管不宜采用塑料管）、塑料和金属的复合管、薄壁金属管（铜管、不锈钢管）等。生活直饮水管材可选用不锈钢管、铜管等。消防与生活共用给水管网，消防给水管管材常采用热浸镀锌钢管。自动喷水灭火系统的消防给水管应采用热浸镀锌钢管。热水系统的管材应采用热浸镀锌钢管、薄壁金属管、塑料管、塑料复合管等管材。埋地给水管道一般可采用塑料管、有衬里的球墨铸铁管和经可靠防腐处理的钢管等。

二、管道配件与管道连接

管道配件是指在管道系统中起连接、变径、转向、分支等作用的零件，又称管件。如弯头、三通、四通、异径管接头、承插短管等。各种不同管材有相应的管道配件，管道配件有带螺纹接头（多用于塑料管、钢管）、带法兰接头、带承插接头（多用于铸铁管、塑料管）等几种形式。

常用各种管材的连接方法如下。

（一）塑料管的连接方法

塑料管的连接方法一般有：螺纹连接（其配件为注塑制品）、焊接（热空气焊、热熔焊、电熔焊）、法兰连接、螺纹卡套压接，还有承插接口、胶粘连接等。

（二）铸铁管的连接方法

铸铁管的连接多用承插方式连接，连接阀门等处也用法兰盘连接。承插接口有柔性接口和刚性接口两类：柔性接口采用橡胶圈接口；刚性接口采用石棉水泥接口、膨胀性填料接口，重要场合可用铅接口。

（三）钢管的连接方法

钢管的连接方法有螺纹连接、焊接和法兰连接。

1. 螺纹连接

螺纹连接即利用带螺纹的管道配件连接。配件用可锻铸铁制成，抗腐性及机械强度均较大，分为镀锌与不镀锌两种，钢制配件较少。镀锌钢管必须用螺纹连接，其配件也应为镀锌配件。这种方法多用于明装管道。

2. 焊接

焊接是用焊机、焊条将两段管道烧焊连接在一起。优点是接头紧密，不漏水，不需配件，施工迅速。缺点是只适用于不镀锌钢管无法拆卸。这种方法多用于暗装管道。

3. 法兰连接

在较大管径（50mm 以上）的管道上，常将法兰盘焊接（或用螺纹连接）在管端，再用螺栓将两个法兰连接在一起，这样两段管道也就连接在一起了。法兰连接一般用在连接阀门、止回阀、水表、水泵等处，以及需要经常拆卸、检修的管段上。

（四）铜管的连接方法

铜管的连接方法有：螺纹卡套压接、焊接（有内置锡环焊接配件、内置银合金环焊接配件、加添焊药焊接配件）等。

（五）不锈钢钢管的连接方法

不锈钢钢管一般有焊接、螺纹连接、法兰连接、卡套压接和铰口连接等。

（六）复合管的连接方法

钢塑复合管一般用螺纹连接，其配件一般也是钢塑制品。

　　铝塑复合管一般采用螺纹卡套压接，其配件一般是铜制品，它是先将配件螺帽套在管道端头，再把配件内芯套入端内，然后用扳手扳紧配件与螺帽即可。

三、管道附件

　　管道附件是给水管网系统中调节水量、水压，控制水流方向，关断水流等各类装置的总称。可分为配水附件和控制附件两类。

　　1. 配水附件

　　配水附件用以调节和分配水流。其种类有以下几类。

　　（1）配水水嘴

　　①截止阀式配水水嘴

　　一般安装在洗涤盆、污水盆、盥洗槽上。该水嘴阻力较大。其橡胶衬垫容易磨损，使之漏水。一些发达城市正逐渐淘汰此种铸铁水嘴，取而代之的是塑料制品和不锈钢制品等。

　　②旋塞式配水水嘴

　　该水嘴旋转90°即完全开启，可在短时间内获得较大流量，阻力也较小。其缺点是易产生水击，适用于浴池、洗衣房、开水间等处。

　　③瓷片式配水水嘴

　　该水嘴采用陶瓷片阀芯代替橡胶衬垫，解决了普通水嘴的漏水问题。陶瓷片阀芯是利用陶瓷淬火技术制成的一种耐用材料，它能承受高温及强烈的腐蚀，有很高的硬度，光滑平整、耐磨，是现在广泛推荐的产品，但价格较贵。

　　（2）盥洗水嘴

　　盥洗水嘴设在洗脸盆上供冷水（或热水）用。有莲蓬头式、鸭嘴式、角式、长脖式等多种形式。

　　（3）混合水嘴

　　混合水嘴是将冷水、热水混合调节为温水的水嘴，供盥洗、洗涤、沐浴等使用。该类新型水嘴式样繁多、外观光亮、质地优良，其价格差异也较悬殊。

　　此外，还有小便器水嘴、皮带水嘴、消防水嘴、电子自动水嘴等。

　　2. 控制附件

　　控制附件多用于调节水量或水压、关断水流、改变水流方向等。

　　（1）截止阀

　　截止阀关闭严密，但水流阻力大，适用在管径不大于50mm的管道上。

　　（2）闸阀

　　闸阀全开时水流呈直线通过，阻力较小。但如有杂质落入阀座后，阀门不能关闭严实，因而易产生磨损和漏水。当管径在 70mm 以上时采用此阀。

（3）蝶阀

蝶阀的阀板在 90°翻转范围内起调节、节流和关闭作用，操作扭矩小，启闭方便，体积较小。其适用于管径 70mm 以上或双向流动管道上。

（4）止回阀

止回阀用以阻止水流反向流动。常用的有以下类型。

①旋启式止回阀

此阀在水平、垂直管道上均可设置，它启闭迅速，易引起水击，不宜在压力大的管道系统中采用。

②升降式止回阀

主要靠上下游压力差使阀盘自动启闭。水流阻力较大，宜用于小管径的水平管道上。

③消声止回阀

是当水流向前流动时，推动阀瓣压缩弹簧，阀门打开。水流停止流动时，阀瓣在弹簧作用下在水击到来前即关阀，可消除阀门关闭时的水击冲击和噪声。

④梭式止回阀

是利用压差梭动原理制造的新型止回阀，不但水流阻力小，而且密闭性能好。

（5）浮球阀

浮球阀是一种用以自动控制水箱、水池水位的阀门（还有其他式样），可防止溢流浪费。其缺点是体积较大，阀芯易卡住引起关闭不严而溢水。

与浮球阀功用相同的还有液压水位控制阀。它克服了浮球阀的弊端，是浮球阀的升级换代产品。

（6）减压阀

减压阀的作用是降低水流压力。在高层建筑中使用减压阀，可以简化给水系统，减少水泵数量或减少减压水箱，同时可增加建筑的使用面积，降低投资，防止水质的二次污染。在消火栓给水系统中使用减压阀可有效防止消火栓栓口处超压现象。因此，它的使用已越来越广泛。

减压阀常用的有两种类型，即弹簧式减压阀和活塞式减压阀（也称比例式减压阀）。

（7）安全阀

安全阀是一种保安器材。管网中安装此阀可以避免管网、用具或密闭水箱因超压而受到破坏。一般有弹簧式、杠杆式两种。

除上述各种控制阀之外，还有脚踏阀、液压式脚踏阀、水力控制阀、弹性座封闸阀、静音式止回阀、泄压阀、排气阀、温度调节阀等。

四、水表

水表是一种计量用户累计用水量的仪表。

（一）流速式水表的构造和性能

建筑给水系统中广泛采用的是流速式水表。这种水表是根据管径一定时，水流通过水表的速度与流量成正比的原理来测量的。它主要由外壳、翼轮和传动指示机构等部分组成。当水流通过水表时，推动翼轮旋转，翼轮转轴传动一系列联动齿轮，指示针显示到度盘刻度上，便可读出流量的累积值。此外，还有计数器为字轮直读的形式。

流速式水表按翼轮构造不同分为旋翼式和螺翼式。旋翼式的翼轮转轴与水流方向垂直。它的阻力较大，多为小口径水表，宜用于测量较小的流量；螺翼式的翼轮转轴与水流方向平行，它的阻力较小，多为大口径水表，宜用于测量较大的流量。

流速式水表又分为干式和湿式两种。干式水表的计数机件用金属圆盘将水隔开，其构造复杂一些；湿式水表的计数机件浸在水中，在计数盘上装有一块厚玻璃（或钢化玻璃）用以承受水压，它机件简单、计量准确，不易漏水，但如果水质浊度高，将降低水表精度，产生磨损缩短水表寿命，宜用在水杂质较少的管道上。

水表各技术参数的意义简要介绍如下。

1. 流通能力

水流通过水表产生 10kPa 水头损失时的流量值。

2. 特性流量

水流通过水表产生 100kPa 水头损失时的流量值，此值为水表的特性指标。

3. 最大流量

只允许水表在短时间内承受的上限流量值。

4. 额定流量

水表可以长时间正常运转的上限流量值。

5. 最小流量

水表能够开始准确指示的流量值，是水表正常运转的下限值。

6. 灵敏度

水表能够开始连续指示的流量。

（二）流速式水表的选用

1. 水表类型的确定

应当考虑的因素有：水温、工作压力、水量大小及其变化幅度、计量范围、管径、工作时间、单向或正逆向流动、水质等。一般管径不大于 50mm 时，应采用旋翼式水表；管径大于 50mm 时，应采用螺翼式水表；当流量变化幅度很大时，应采用复式水表（复式水表是旋翼式和螺翼式的组合形式）；计量热水时，宜采用热水水表。一般应优先采用湿式水表。

2. 水表口径的确定

一般以通过水表的设计流量 Q_g 不大于水表的额定流量 Q_e（或者以设计流量通过水表产生的水头损失接近或不超过允许水头损失值）来确定水表的公称直径。

当用水量均匀时（如工业企业生活间、公共浴室、洗衣房等），应按该系统的设计流量不超过水表的额定流量来确定水表口径；当用水不均匀时（如住宅、集体宿舍、旅馆等），且高峰流量每昼夜不超过 3h，应按该系统的设计流量不超过水表的最大流量来确定水表口径，同时，水表的水头损失不应超过允许值；当设计对象为生活（生产）、消防共用的给水系统，在选定水表时，不包括消防流量，但应加上消防流量复核，使其总流量不超过水表的最大流量限值（水头损失必须不超过允许水头损失值）。

3. 电控自动流量计（TM 卡智能水表）

随着科学技术的发展、用水管理体制的改变，以及节约用水意识的提高，传统的"先用水后收费"用水机制和人工进户抄表、结算水费的繁杂方式已不适应现代管理方式与生活方式，应当用新型的科学技术手段改变自来水供水管理体制的落后状况。因此，电磁流量计、远程计量仪、IC 卡水表等自动水表应运而生。TM 卡智能水表就是其中之一。

TM 卡智能水表内部置有微电脑测控系统，通过传感器检测水量，用 TM 卡传递水量数据，主要用来计量（定量）经自来水管道供给用户的饮用冷水，适于家庭使用。

TM 卡智能水表的安装位置要避免暴晒、冰冻、污染、水淹，以及砂石等杂物不能进入的管道，水表要水平安装，字面朝上，水流方向应与表壳上的箭头一致。使用时，表内需装入 5 号锂电池 1 节（正常条件下可用 3~5 年）。用户持 TM 卡（有三重密码）先到供水管理部门购买一定的水量，之后将 TM 卡插入水表的读写口（将数据输入水表）即可用水。用户用去一部分水，水表内存储器的用水余额自动减少。表面上有累计计数显示，供水部门和用户可核查用水总量。插卡后可显示剩余水量，当用水余额只有 $1m^3$ 时，水表有提醒用户再次购水的功能。用户再次购得的水量与剩余水量自动叠加。

这种水表的特点和优越性是：供水部门可实现计算机全面管理，提高自动化程度，提高工作效率。将传统的人工进户抄表、人工结算水费的方式改变为无须上门抄表、自动计费、主动交费的方式，减轻了供水部门工作人员的劳动强度；用户无须接待抄表人员，减少计量纠纷，还能提醒人们节约用水，保护和利用好水资源；将传统的先用水后结算交费的用水方式改变为先预付水费后限额用水的方式，使供水部门可提前收回资金，减少个别用户拖欠水费可能造成的损失；智能水表的选用，可参见产品说明书。

第三节　给水管道的布置、敷设与水质防护

一、给水管道的布置与敷设

必须深入了解地域地理、该建筑物的建筑和结构的设计情况、使用功能、其他建筑设备（电气、采暖、空调、通风、燃气、通信等）的设计方案，才能有效敷设与布置给水管道。兼顾消防给水、热水供应、建筑中水、建筑排水等系统，进行综合考虑。

（一）给水管道的布置

室内给水管道的布置，一般应符合下列原则。

1. 满足良好的水力条件，确保供水的可靠性，力求经济合理

引入管宜布置在用水量最大处或尽量靠近必须连续供水处，给水干管的布置也是如此。给水管道的布置应力求短而直，尽可能与墙、梁、柱、桁架平行。必须连续供水的建筑，应从室外环状管网不同管段接出 2 条或 2 条以上引入管，在室内将管道连成环状或贯通枝状双向供水，若条件达不到，可采取设贮水池（箱）或增设第二水源等以确保供水安全。

2. 保证建筑物的使用功能和生产安全

给水管道不能妨碍建筑物、生产操作、生产安全和交通运输的使用。故管道不应穿越配电间，以免因渗漏造成电气设备故障或短路；不应穿越电梯机房、通信机房、大中型计算机机房、计算机网络中心和音像资料库房等房间；不能布置在遇水易引起燃烧、爆炸、损坏的设备、产品和原料存储地上方，还应避免在生产设备、配电柜上布置管道。

3. 保证给水管道的正常使用

生活给水引入管与污水排出管管道外壁的水平净距不宜小于 0.1m；室内给水管与排水管之间的最小净距平行埋设时不宜小于 0.5m；交叉埋设时不应小于 0.15m，且给水管应在排水管的上面。埋地给水管道应避免布置在可能遭受重压之处。为防止振动，管道不得穿越生产设备基础。如必须穿越时，应与有关专业人员协商处理并采取保护措施。管道不宜穿过伸缩缝、沉降缝、变形缝，如必须穿过，应采取保护措施，如：软接头法（使用橡胶管或波纹管）、丝扣弯头法、活动支架法等。为防止管道腐蚀，管道不得设在烟道、风道、电梯井和排水沟内，不宜穿越橱窗、壁柜，不得穿过大小便槽，给水立管距大、小便槽端部不得小于 0.5m。

　　塑料给水管应远离热源，立管距灶边不得小于 0.4m，与供暖管道、燃气热水器边缘的净距不得小于 0.2m，且不得因热辐射使管外壁温度大于 40℃；塑料给水管道不得与水加热器或热水炉直接连接，应有不小于 0.4m 的金属管段过渡；塑料管与其他管道交叉敷设时，应采取保护措施或用金属套管保护，建筑物内塑料立管穿越楼板和屋面处应为固定支承点；给水管道的伸缩补偿装置应按直线长度、管材的线膨胀系数、环境温度和管内水温的变化、管道节点的允许位移量等因素，经计算确定，应尽量利用管道自身的折角补偿温度变形。

　　4. 便于管道的安装与维修

　　布置管道时，其周围要留有一定的空间，在管道井中布置管道要排列有序，以满足安装维修的要求。需进人检修的管道井，其宽度不宜小于 0.6m。管道井每层应设检修设施，每两层应有横向隔断。检修门宜开向走廊。给水管道与其他管道和建筑结构的最小净距应满足安装操作需要且不宜小于 0.3m。

　　5. 管道布置形式

　　给水管道的布置按供水可靠程度要求可分为枝状和环状两种形式。前者单向供水，供水安全可靠性差，管线较短，造价低；后者管道相互连通，双向供水，安全可靠，但管线长，造价高。一般建筑内给水管网宜采用枝状布置。高层建筑、重要建筑宜采用环状布置。

　　按水平干管的敷设位置又可分为上行下给、下行上给和中分式三种形式。干管设在顶层顶棚下、吊顶内或技术夹层中，由上向下供水的为上行下给式，适用于设置高位水箱的居住与公共建筑和地下管线较多的工业厂房；干管埋地、设在底层或地下室中，由下向上供水的为下行上给式，适用于利用室外给水管网水压直接供水的工业与民用建筑；干管水平设在中间技术层内或中间某层吊顶内，由中间向上、下两个方向供水的为中分式，适用于屋顶用作露天茶座、舞厅或设有中间技术层的高层建筑。

（二）给水管道的敷设

　　1. 敷设形式

　　给水管道的敷设有明装、暗装两种形式。明装即管道外露，其优点是安装维修方便，造价低。但外露的管道影响美观，表面易结露、积尘。一般用于对卫生、美观没有特殊要求的建筑。暗装即管道隐蔽，如敷设在管道井、技术层、管沟、墙槽、顶棚或夹壁墙中，也可直接埋地或埋在楼板的垫层里。适用于对卫生、美观要求较高的建筑如宾馆、高级公寓、高级住宅和要求无尘、洁净的车间、实验室、无菌室等。其优点是管道不影响室内的美观、整洁；其缺点是施工复杂，维修困难，造价高。

2. 敷设要求

引入管进入建筑内，一种情形是从建筑物的浅基础下通过，另一种是穿越承重墙或基础。在地下水位高的地区，引入管穿地下室外墙或基础时应采取防水措施，如设防水套管等。

室外埋地引入管要防止地面活荷载和冰冻的影响，车行道下管顶覆土厚度不宜小于0.7m，并应敷设在冰冻线以下0.15m处。建筑内埋地管在无活荷载和冰冻影响时，其管顶离地面高度不宜小于0.3m。当采用交联聚乙烯管或聚丁烯管作为埋地管时，应将其设在套管内，其分支处宜采用分水器。

给水横管穿承重墙或基础、立管穿楼板时均应预留孔洞。暗装管道在墙中敷设时，也应预留墙槽，以免临时打洞、刨槽影响建筑结构的强度。管道应预留孔洞和墙槽的尺寸。横管穿过预留洞时，管顶上部净空间不得小于建筑物的沉降量，以保护管道不致因建筑沉降而损坏，其净空一般不小于0.10m。

给水横干管宜敷设在地下室、技术层、吊顶或管沟内，宜有0.002~0.005的坡度坡向泄水装置；立管可敷设在管道井内，冷水管应在热水管右侧；给水管道与其他管道同沟或共架敷设时宜敷设在排水管、冷冻管的上面或热水管、蒸汽管的下面；给水管不宜与输送易燃、可燃或有害的液体或气体的管道同沟敷设；通过铁路或地下构筑物下面的给水管道宜敷设在套管内。

管道在空间敷设时必须采取一定的固定措施，以确保施工方便与安全供水。给水钢质立管一般每层须安装1个管卡，当层高大于5.0m时，每层须安装2个。

明装的复合管管道、塑料管管道也需安装相应的固定卡架，塑料管道的卡架相对密集一些。各种不同的管道都有不同的要求，使用时，应按生产厂家的施工规程进行安装。

（三）给水管道的防护

1. 防腐

金属管道的外壁容易氧化锈蚀，必须采取一定保护措施以延长管道的使用寿命。通常明装的、埋地的金属管道外壁都应进行防腐处理。常见的方法是管道除锈后，在外壁涂刷防腐涂料。管道外壁所做的防腐层数应根据防腐的要求确定。当给水管道及配件设在含有腐蚀性气体环境中时，应采用耐腐蚀管材或在管外壁采取防腐措施。

2. 防冻

当管道及其配件设置在温度低于0℃以下的环境时，为保证使用安全，应当采取保温措施。

3. 防露

在湿热的气候条件下，或在空气湿度较高的房间内，给水管道内的水温较低，空气中的水蒸气会凝结成水珠附着在管道表面，严重时会产生滴水。这种现象即为结露。结露现象会加速管道的腐蚀，还会影响建筑物的使用，如使墙面受潮、粉刷层脱落，影响墙体质量和建筑美观，还可能造成地面少量积水或影响地面上的某些装备、设施的使用等。因此，在这种场所就应当采取防露措施（具体做法与保温相同）。

4. 防漏

如果管道布置不当或者是管材质量和敷设施工质量低劣，都可能导致管道漏水。这不仅浪费水资源、影响正常供水，严重时还会损坏建筑。特别是在湿陷性黄土地区，埋地管漏水将会造成土壤湿陷，影响建筑基础的稳固性。防漏一要避免将管道布置在易受外力损坏的位置或采取必要且有效的保护措施，免其直接承受外力；二要健全管理制度，加强管材质量和施工质量的检查监督；三要在湿陷性黄土地区，将埋地管道设在防水性能良好的检漏管沟内，一旦漏水，水可沿沟排至检漏井内，便于及时发现和检修（管径较小的管道，也可敷设在检漏套管内）。

5. 防振

当管道中水流速度过大，关闭水嘴、阀门时易出现水击现象，会引起管道、附件的振动，不仅会损坏管道、造成附件漏水，还会产生噪声。为防止管道的损坏和噪声的污染，在设计时应控制管道的水流速度，尽量减少使用电磁阀或速闭型阀门、水嘴。住宅建筑安装进户支管阀门时，应装设一个家用可曲挠橡胶接头进行隔振，并可在管道支架、吊架内衬垫减振材料，以减小噪声的扩散。

二、水质防护

从城市给水管网引入小区和建筑的水，其水质一般应符合《生活饮用水卫生标准》（GB 5749—2022），但若小区和建筑内的给水系统设计、施工安装和管理维护不当，就可能造成水质被污染的现象，导致疾病传播，直接危害人民的健康和生命安全，或者导致产品质量不合格，影响工业的发展。所以，必须重视和加强水质防护，确保供水安全。

（一）水质污染的现象及原因

1. 与水接触的材料选择不当

如制作材料或防腐涂料中含有可溶于水的毒物质，将直接影响水质。金属管道内壁的氧化锈蚀也直接影响水质。

2. 水在贮水池（箱）中停留时间过长

若贮水池（箱）容积过大，所储存水长时间不用，或池（箱）中水流组织不合理，形成了死角，水停留时间太长，水中的余氯量耗尽后有害微生物就会生长繁殖，使水腐败变质。

3. 管理不善

如水池（箱）的入孔不严密，通气口和溢流口敞开设置，尘土、蚊虫、鼠类、雀鸟等均可能通过以上孔口进入水中游动或溺死于池（箱）中，造成污染。

4. 构造、连接不合理

配水附件安装不当，若出水口设在用水设备、卫生器具上沿或溢流口以下时，当溢流口堵塞或发生溢流的时候，遇上给水管网供水压力下降较多，恰巧此时开启配水附件，污水即会在负压作用下吸入管道造成回流污染；饮用水管道与大便器冲洗管直接相连，并且用普通阀门控制冲洗，当给水系统压力下降时，此时恰巧开启阀门也会出现回流污染；饮用水与非饮用水管道直接连接，当非饮用水压力大于饮用水压力且连接管中的止回阀（或阀门）密闭性差，则非饮用水会渗入饮用水管道造成污染；埋地管道与阀门等附件连接不严密，平时渗漏，当饮用水断流，管道中出现负压时，被污染的地下水或阀门井中的积水即会通过渗漏处进入给水系统。

（二）水质污染的防止措施

随着社会的不断进步与发展，人们对生活质量的要求日益提高，健康意识也在不断增强，对工业产品的质量越来越重视。为防止不合格水质给人们带来的种种危害，当今市面上各种终端给水处理设备以及各种品牌的矿泉水、纯净水、桶装水、瓶装水应运而生。但是，这些措施生产的水量小、价格高，且其自身也难以真正、完全地保证质量，不能从根本上来保证社会大量的、合格的民用与工业用水。因此，通过专业技术人员在设计、施工中采用合理的方案与方法（如正在不断发展的城市直饮水系统），使供水体系能良好运行，具有重要的意义。除一些新的技术需要探讨、实施外，一般的常规技术措施主要有以下几项。

饮用水管道与贮水池（箱）不要布置在易受污染处，设置水池（箱）的房间应有良好的通风设施，非饮用水管道不能从饮水贮水设备中穿过，也不得将非饮用水接入。生活饮用水水池（箱）不得利用建筑本体结构（如基础、墙体、地板等）作为池底、池壁、池盖，其四周及顶盖上均应留有检修空间。生活饮用水水池（箱）与其他用水水池（箱）并列设置时应有各自独立的分隔墙，不得共用一副分隔墙，隔墙与隔墙之间应有排水措施。贮水池设在室外地下时，距污染源构筑物（如化粪池、垃圾堆放点）不得小于 10m

的净距（当净距不能保证时，可采取提高饮用水池标高或化粪池采用防漏材料等措施），周围 2m 以内不得有污水管和污染物。室内贮水池不允许在有污染源的房间下面。

贮水池（箱）的本体材料和表面涂料不得影响水质卫生。若需防腐处理，应采用无毒涂料。若采用玻璃钢制作时，应选用食品级玻璃钢；不宜采用内壁容易锈蚀、氧化以及释放其他有害物质的管材作为输、配水管道。不得在大便槽、小便槽、污水沟内敷设给水管道，不得在有毒物质及污水处理构筑物的污染区域内敷设给水管道。生活饮用水管道在堆放及操作安装中应避免外界的污染，验收前应进行清洗和封闭。

贮水池（箱）的入孔盖应是带锁的密封盖，地下水池的入孔凸台应高出地面 0.15m。通气管和溢流管口要设铜（钢）丝网罩，以防杂物、蚊虫等进入，还应防止雨水、尘土进入。其溢流管、排水管不能与污水管直接连接，应采取间接排水的方式；生活饮用水管的配水出口不允许被任何液体或杂质所淹没。生活饮用水的配水出口与用水设备（卫生器具）溢流水位之间应有不小于出水口直径 2.5 倍的空气间隙；生活饮用水管道不得与非饮用水管道连接，城市给水管道严禁与自备水源的供水管道直接连接。生活饮用水管道在与加热设备连接时应有防止热水回流使饮用水升温的措施；从生活饮用水贮水池抽水的消防水泵出水管上，从给水管道上直接接出室内专用消防给水管道、直接吸水的管道泵、垃圾处理站的冲洗水管、动物养殖场的动物饮水管道，从生活饮用水管道系统上接至有害、有毒场所的贮水池（罐）、装置、设备的连接管上等，其起端应设置管道倒流防止器或其他有效防止倒流污染的装置；从生活饮用水管道系统上接至对健康有危害的化工产品灌装区、生产车间、实验楼（医药、病理、生化）等连接管上，除应设置倒流防止器外，还应设置空气间隙；从生活饮用水管道上直接接出消防软管卷盘、接软管的冲洗水嘴等，其管道上应设置真空破坏器；生活饮用水管道严禁与大便器（槽），小便斗（槽）采用非专用冲洗阀直接连接冲洗；非饮用水管道工程验收时，应逐段检查，以防与饮用水管道误接，其管道上的放水口应有明显标志，避免非饮用水被人误饮和误用。

生活饮用水贮水池（箱）要加强管理，定期清洗。其水泵机组吸水口及池内水流组织应采取相应技术，保证水流合理，使水不至于长期滞留池中而使水质变坏。当贮水 48h 内不能得到更新时，应设置消毒处理装置。

第二章　建筑排水系统

第一节　排水系统分类与组成

一、排水系统

（一）分类

1. 生活污水排水系统

生活污水排水系统用于排除民用、公共建筑及工厂生活间的盥洗、洗涤和冲洗便器等污、废水。生活污水排水系统可进一步分为生活污水排水系统和生活废水排水系统。

2. 工业废水排水系统

工业废水排水系统用于排除生产过程中产生的工业废水。

3. 雨、雪水排水系统

雨、雪水排水系统用于收集排除建筑屋面上的雨、雪水。

（二）组成

建筑内部排水系统能迅速并能保证畅通地将污、废水排到室外；排水管道系统气压稳定，有毒有害气体不进入室内，保持室内环境卫生；管线布置合理，简短顺直，工程造价低。

1. 卫生器具

卫生器具是用来承受用水和将使用后的废水、废物排泄到排水系统中的容器。建筑内的卫生器具应具有内表面光滑、不渗水、耐腐蚀、耐冷热、便于清洁卫生、经久耐用等品质。

（1）洗脸盆

洗脸盆一般用于洗脸、洗手、洗头，常设置在盥洗室、浴室、卫生间和理发室等场所。洗脸盆有长方形、椭圆形和三角形。其安装方式有墙架式、台式和柱脚式。盥洗台有单面和双面之分，常设置在同时有多人使用的地方，如集体宿舍、教学楼、车站、码头、工厂生活间内。

（2）淋浴器

淋浴器多用于工厂、学校、机关、部队的公共浴室和体育馆内。淋浴器占地面积小，清洁卫生，可有效避免疾病传染，耗水量小，设备费用低。

（3）浴盆

浴盆设在住宅、宾馆、医院等卫生间或公共浴室，供人们清洁身体。浴盆配有冷热或混合龙头，并配有淋浴设备。

（4）其他器具

①卫生盆是专供妇女卫生用，一般设在妇产医院、工厂女卫生间及设备完善的居住建筑和宾馆卫生间。

②洗涤盆常设置在厨房或公共食堂内，用来洗涤餐具、蔬菜等。医院的诊室、治疗室等处也应设置洗涤盒。洗涤盆有单格和双格之分。

③化验盆设置在工厂、科研机关和学校的化验室或实验室内，根据需要可安装单联、双联或三联鹅颈龙头。

④污水盆又称污水池，常设置在公共建筑的厕所、盥洗室内，供洗涤拖把、打扫卫生或倾倒污水之用。

⑤坐式大便器按冲洗的水力原理可分为冲洗式和虹吸式两种。坐式大便器都自带存水弯。常用低水箱冲洗和直接连接管道进行冲洗。低水箱与座体又有整体和分体之分，采用管道连接时必须设延时自闭式冲洗阀。

⑥后排式坐便器与其他坐式大便器的不同之处在于排水口设在背后，便于排水横支管敷设在本层楼板上时选用。

⑦蹲式大便器一般用于普通住宅、集体宿舍、公共建筑物的公用厕所和防止接触传染病的医院厕所内。蹲式大便器比坐式大便器的卫生条件好，但蹲式大便器不带存水弯，设计安装时需另配置存水弯。常用的冲洗设备有高位水箱和直接连接给水管加延时自闭式冲洗阀。

⑧大便槽用于学校、火车站、汽车站、码头、游乐场所及其他标准较低的公共厕所，可代替成排的蹲式大便器，常用瓷砖贴面，造价低。

⑨小便器设于公共建筑的男厕所内，有的住宅卫生间内也需设置。小便器有挂式、立式和小便槽三类。其中，立式小便器用于标准高度的建筑。小便槽用于工业企业、公共建筑和集体宿舍等建筑的卫生间。

2. 地漏

地漏通常安装在地面须经常清洗或地面有水须排泄处，如淋浴间、水泵房、盥洗间、卫生间等装有卫生器具处。

地漏安装时，应放在易溅水的卫生器具附近地面的最低处，一般要求其算子顶面低于地面 5~10mm。地漏的形式较多，一般有以下几种。

（1）普通地漏

这种地漏水封较浅，一般为 25~30mm，易发生水封被破坏或水蒸发造成水封干燥等现象，目前这种地漏已被新结构形式的地漏所取代。

（2）高水封地漏

这种水封高度不小于 50mm，并设有防水翼环，地漏盖为盒状，可随不同的地面做法所需要的安装高度进行调节。施工时将翼环放在结构板面，板面以上的厚度可按建筑要求的面层做法调整地漏盖面标高。这种地漏还附有单侧通道和双侧通道，可按实际情况选用。

（3）多用地漏

这种地漏一般埋设在楼板的面层内，其高度为 110mm，有单通道、双通道、三通道等多种形式，水封高度为 50mm，一般内部安装塑料球以防回流。三通道地漏可供多用途使用，地漏盖除了能排泄地面水外，还可以连接洗脸盆或洗衣机供排出水，其侧向通道可连接浴盆的排水，为防止使用时洗浴废水可能从地漏盖面溢出，故设有塑料球来封住通向地面的通道，其缺点是所连接的排水横支管均为暗设，一旦损坏维修比较麻烦。

（4）双算杯式水封地漏

这种地漏的内部水封盒采用塑料制作，形状类似于杯子，水封高度为 50mm，便于清洗。这种地漏盖的排水分布合理，排泄量大，排水快，采用双算子有利于阻截污物。此地漏另附塑料密封盖，施工时可利用此密封盖防止水泥、砂石等从盖的算子孔进入排水管道，造成管道堵塞而排水不畅。平时用户不需要使用地漏时，也可利用塑料密封盖封死。

（5）防回流地漏

防回流地漏适用于地下室或用于深层地面排水，如用于电梯井排水及地下通道排水等。此种地漏内设防回流装置，可防止污水干浅、排水不畅、水位升高而发生的污水倒流。防回流地漏一般附有浮球的钟罩形地漏或附塑料球的单通道地漏，也可采用一般地漏附回流止回阀。

3. 存水弯

存水弯是建筑内排水管道的主要附件之一，有的卫生器具构造内已设有存水弯（如坐式大便器）。构造中未设存水弯和工业废水受水器与生活污水管道或其他可能产生有害气体的排水管道连接时，必须在排水口以下设存水弯。存水弯的作用是在其内形成一定高度的水柱（一般为 50~100mm），该部分存水高度称为水封高度，它能阻止排水管道内各种污染异味、气体以及小虫进入室内。为了保证水封正常功能的发挥，在设计排水管道时必须考虑配备适当的通气管。

存水弯的水封除因水封深度不够等原因容易遭受破坏外，有的卫生器具由于使用间歇时间过长，尤其是地漏，长时期没有补充水，水不断蒸发而失去密封作用，这是造成污染、异味气体外逸的主要原因，故要求管理人员应有这方面的常识，有必要定时向地漏的存水弯部分注水，保持一定水封高度。

存水弯使用面较广，种类较多，一般有以下几种形式。

（1）S形存水弯，用于与排水横管垂直连接的场所。

（2）P形存水弯，用于与排水横管或排水立管水平直角连接的场所。

（3）瓶式存水弯及带通气装置的存水弯，一般明设在洗脸盆或洗涤盆等卫生器具排出管上，形状较美观。

（4）存水盒，与S形存水弯相同，安装较灵活，便于清掏。

4. 排水管道

排水管道由器具排水管（连接卫生器具和横支管之间的一段短管，除坐式大便器外，其间含有一个存水弯）、横支管、立管、埋设在地下的总干管和排出到室外的排出管等组成。其作用是将污（废）水能迅速安全地排除到室外。

5. 通气管

卫生器具排水时，需要向排水管系补给空气，减小其内部气压的变化，防止卫生器具水封破坏，使水流畅通；必须将排水管系中的污染和异味气体排到大气中；必须保证管系内经常有新鲜空气和废气之间对流，可减轻废气对管道内壁造成的锈蚀。因此，排水管系要设置一个与大气相通的通气系统。通气管道有以下几种类型。

（1）伸顶通气管

污水立管顶端延伸出屋面的管段称为伸顶通气管。其作为通气及排除污染、异味气体，是排水管系最简单、最基本的通气方式。

（2）专用通气立管

专用通气立管是指仅与排水立管连接，为污水立管内空气流通而设置的垂直通气管道。

（3）主通气立管

主通气立管是指为连接环形通气管和排水立管，并为排水支管和排水立管内空气流通而设置的垂直管道。

（4）副通气立管

副通气立管指仅与环形通气管连接，为使排水横支管内空气流通而设置的通气管道。

（5）环形通气管

环形通气管指在多个卫生器具的排水横支管上从最始端卫生器具的下游端接至通气立管的那一段通气管段。

（6）器具通气管

器具通气管是指卫生器具存水弯出口端一定高度处与主通气立管连接的通气管段，可以防止卫生器具产生自虹吸现象和噪声。

（7）结合通气管

结合通气管是指排水立管与通气立管的连接管段。其作用是当上部横支管排水，水流沿立管向下流动，水流前方空气被压缩，将被压缩的空气释放至通气立管。

（8）汇合通气管

汇合通气管是指连接数根通气立管或排水立管顶端通气部分，并延伸至室外大气的通气管段。

6. 清通设备

为疏通建筑内部排水管道，保障排水畅通，需要设置检查口、清扫口及带有清通门的90°弯头或三通接头、室内埋地横干管上的检查井等。

（1）检查口

检查口一般装于立管，供立管或立管与横支管连接处，当有异物堵塞时清掏用，多层或高层建筑的排水立管上每隔一层就应安装一个。检查口间距不大于10m。但在立管的最底层和设有卫生器具的两层以上坡顶建筑物的最高层必须设置检查口，平顶建筑可用通气口代替检查口。此外，立管如装有乙字管，则应在该层乙字管上部装设检查口。检查口设置高度一般从地面至检查口中心1m为宜。当排水横管管段超过规定长度时，也应设置检查口。

（2）清扫口

清扫口一般装于横管上，尤其是各层横支管连接卫生器具较多时，横支管起点均应装置清扫口（有时也可用能供清掏的地漏代替）。

当连接2个及2个以上的大便器或3个及3个以上的卫生器具的污水横管、水流转角小于135°的污水横管，均应设置清扫口。清扫口安装不应高出地面，必须与地面平齐。为了便于清掏，清扫口与墙面应保持一定距离，一般不宜小于0.15m。

7. 提升设备

当建筑物内的污（废）水不能自流排至室外时，需设置污水提升设备。建筑内部污废水提升包括污水泵的选择、污水集水池容积的确定和污水泵房的设计。常用的污水泵有潜水泵、液下泵和卧式离心泵。

8. 局部处理

当室内污水未经处理不允许直接排入城市排水系统或水体时需设置局部水处理构筑物。常用的局部水处理构筑物有化粪池、隔油井和降温池。

（1）化粪池是一种利用沉淀和厌氧发酵原理去除生活污水中悬浮性有机物的最初级处理构筑物。由于目前我国许多小城镇还没有生活污水处理厂，所以建筑物卫生间内所排出的生活污水必须经过化粪池处理后才能排入合流制排水管道。

（2）隔油井的工作原理是通过含油污水流速，改变水流方向，使油类浮在水面上，然后将其收集排除。隔油井适用于食品加工车间、餐饮业的厨房、汽车库、洗车房所排污水和其他一些生产污水的除油处理。

（3）一般城市排水管道允许排入的污水温度规定不大于 40℃，所以，当室内排水温度高于 40℃（如锅炉排污水）时，首先应尽可能将其热量回收利用。如无法回收时，在排入城市管道前应采取降温措施，一般可在室外设降温池加以冷却。

二、排水计算

（一）流量计算

1. 住宅、宿舍（Ⅰ、Ⅱ类）、旅馆、宾馆、酒店式公寓、医院、疗养院、幼儿园、养老院、办公楼、商场、图书馆、书店、客运中心、航站楼、会展中心、中小学教学楼、食堂或营业餐厅等建筑生活排水管道设计秒流量，应按下式计算：

$$q_p = 0.12\alpha\sqrt{N_p} + q_{max} \qquad (2-1)$$

式中　q_p——计算管段排水设计秒流量（L/s）；

　　　a——根据建筑物用途而定的系数，按表 2-1 确定；

　　　N_p——计算管段的卫生器具排水当量总数；

　　　q_{max}——计算管段上排水量最大的一个卫生器具的排水流量。

表 2-1　不同建筑物用途适用的 α 值

建筑物名称	宿舍（Ⅰ、Ⅱ类）、住宅、宾馆、酒店式公寓、医院疗养院、幼儿园、养老院的卫生间	旅馆和其他公共建筑的盥洗室和厕所间
α 值	1.5	2.0~2.5
注：当计算所得流量值大于该管段上按卫生器具排水流量累加值时，应按卫生器具排水流量累加值计		

2. 宿舍（Ⅲ、Ⅳ类）、工业企业生活间、公共浴室、洗衣房、职工食堂或营业餐厅的厨房、实验室、影剧院、体育场馆等建筑的生活管道排水设计秒流量，应按下式计算：

$$q_p = \sum q_0 n_0 b \qquad\qquad (2-2)$$

式中　　q_p——计算管段排水设计秒流量（L/s）；

　　　　q_0——同类型的一个卫生器具排水流量（L/s）；

　　　　n_0——同类型卫生器具数；

　　　　b——卫生器具的同时排水百分数，冲洗水箱大便器的同时排水百分数按12%计算。

（二）技术规定

1. 横管

规定最小管径的目的是防止堵塞管道。管道中流速不能过大或过小，防止对管道的冲刷或杂物的沉积。

排水管内水流是重力流，规定了最小坡度。充满度是指排水管道中水深与管径之比。其优点是气压稳定、调节流量、排水能力大。

下列场所设置排水横管时，管径的确定应符合下列要求：

（1）当建筑底层无通气的排水管道与其楼层管道分开单独排出时，其排水横支管管径可按相关规定确定；

（2）当公共食堂厨房内的污水采用管道排除时，其管径应比计算管径大一级，但干管管径不得小于100mm，支管管径不得小于75mm；

（3）医院污物洗涤盆（池）和污水盆（池）的排水管管径不得小于75mm；

（4）小便槽或连接3个及3个以上的小便器，其污水支管管径不宜小于75mm；

（5）浴池的泄水管宜采用100mm。

2. 立管

随着排水流量的增加，立管水流流态要经过附壁螺旋流→水膜流→水塞流变化，气压由稳定向不稳定变化。

（1）注意生活排水立管的最大设计排水能力，立管管径不得小于所连接的横支管管径。

（2）大便器排水管的最小管径不得小于100mm。

（3）多层住宅厨房间的立管管径不宜小于75mm。

3. 室外排水管

建筑物内排出管的最小管径不得小于50mm。室外排水管的连接应符合下列要求：

（1）排水管与排水管之间的连接应设检查井连接；

（2）室外排水管，除有水流跌落差以外宜管顶平接；

（3）排出管管顶标高不得低于室外接户管管顶标高；

（4）连接处的水流偏转角不得大于90°。当排水管的管径不大于300mm且跌落差大于0.3m时，可不受角度的限制。

第二节　高层建筑排水系统

一、高层建筑排水系统概述

高层建筑多为公共建筑和住宅建筑，其排水系统主要是排除盥洗、淋浴、洗涤等生活废水，粪便污水，雨雪水以及餐厅、车库、洗衣房、游泳池、空调设备等附属设施的排水。

（一）排水系统的分类

排水系统根据排水的来源及水质被污染的程度可分为：

1. 生活污水排水系统主要排放大、小便器以及与之类似的卫生设备排出的污水。

2. 生活废水排水系统主要排放洗涤盆、洗脸盆、沐浴设备等排出的洗涤废水以及与之水质相近的洗衣房和游泳池的废水。

3. 屋面雨水排水系统主要排放屋面雨雪水的排水系统。

4. 特殊排水系统主要排放空调、冷冻机等设备排出的冷却废水，锅炉、换热器、冷却塔等设备的排污废水，车库、洗车场排出的洗车废水，餐厅、公共食堂排出的含油废水以及医院污水等。

（二）排水体制的选择

高层建筑污废水是合流还是分流排放，是排水系统设计的重要问题，应根据污废水性质及污染程度，结合室外排水体制、综合利用的可能性以及处理要求等综合考虑确定。

（三）排水管道的组成及特点

建筑内部排水系统由卫生器具（受水器）、器具排水管、排水横支管、立管、横干管、通气系统、排水附件、局部处理构筑物以及提升设备等构成。但应根据高层建筑排水系统具有自身的特点进行考虑。

1. 卫生器具多，排水点多，排水水质差异大

高层建筑通常体积大，功能复杂，建筑标准高，因此用水设备类型多，排水点多，排水点位置分布不规律，水质差异大，排水管道类型多。

2. 排水立管长，水量大，流速高

从较高楼层排除的污水汇入下层立管和横干管中，水量和流速会逐渐增加。若排水系统设计不合理，致使管内气流、水流不畅，则经常会引起卫生器具水封破坏，异味气体进入室内污染空气环境，或者管道经常堵塞，严重影响使用。

3. 排水干管服务范围大，设计或安装不合理造成的影响大

由于高层建筑体积大，在排水管道转换过程中常有较长的排水横干管，沿路收集与之水质类似的立管排水，若管道设计或安装不合理，横干管内气流、水流不畅，必然影响与之相连接的多根立管内的气、水两相流态，影响范围较大。

因此，高层建筑中，排水系统功能的优劣很大程度上取决于通气系统设置是否合理，这是高层建筑排水系统中最重要的问题。

（四）排水系统类型

根据通气方式的不同，高层建筑排水管道的组合类型可分为单立管、双立管和三立管排水系统。

1. 单立管排水系统

该系统只有一根排水立管，不设专用通气立管。单立管排水系统主要利用排水立管本身及其连接的横支管和附件进行气流交换。根据层数和卫生器具的数量，单立管排水系统有 3 种类型。

（1）无通气的单立管排水系统

该系统适用于排水立管短，卫生器具少，排水量小，立管顶端不便伸出屋面的高层建筑的裙房或其附属的多层建筑。

（2）有伸顶通气的普通单立管排水系统

该系统适用于高层建筑裙房或其附属的多层建筑，对高层建筑中排水量较小、水质相对清洁的废水的排放也可采用该种形式。

（3）特制配件单立管排水系统

该系统适用于高层建筑及裙房。

2. 双立管排水系统

该系统由一根排水立管和一根专用通气立管组成，主要利用通气立管与大气进行气流交换，也可利用通气立管自循环通气。

3. 三立管排水系统

该系统由两根排水立管共用一根通气立管，排水系统由两根排水立管和通气立管组成。

高层建筑生活污水管道宜设置双立管或三立管排水系统。

（五）特殊排水系统

重力流系统是目前建筑内部应用最广泛的排水系统，具有节能且管理简单等优点。当无法采用重力流排水时，可采用以下两种特殊排水系统。

1. 压力流排水系统

在卫生器具排水口下装设微型污水泵，卫生器具排水时微型污水泵启动加压排水，使排水管内的水流状态由重力非满流变为压力满流。

2. 真空排水系统

在排水系统末端设有由真空泵、真空收集器和污水泵组成的真空泵站。坐便器采用设有手动真空阀的真空坐便器；其他卫生器具下面设液位传感器，自动控制真空阀的启闭。卫生器具排水时真空阀打开，真空泵启动，将污水吸到真空收集器里储存，定期由污水泵将污水送到室外。

特殊排水系统目前多应用于飞机、火车等交通工具和某些特殊的工业领域。与重力流系统相比，压力流和真空排水系统具有节水性好、排水管径小、占用空间小、横管无须坡度、流速大、自净能力较强等优点。但是，特殊排水系统也具有造价高、消耗动力、管理复杂和日常运行费用较高的缺点。

二、排水系统中水、气流动的特点

卫生器具排水的特点是间歇排水，排水中含有粪便、纸屑等杂物，在排水过程中又挟带大量空气，实际水流运动呈水、气、固三相流状态。因固体物所占体积较小，可简化为水、气两相断续非均匀流。对排水系统中水、气两相流的研究，是合理设计高层建筑排水系统的基础。

（一）器具存水弯中水封被破坏的原因

为防止排水管道中产生的异味气体及各种有害气体进入室内污染环境，需在卫生器具出口处设置存水弯。存水弯中存有一定高度的水柱，称为水封高度。水封高度越大，防止气体穿透的能力越强，但也越容易在存水弯底部沉积脏物，堵塞管道。为防止气体穿透水封进入室内，水封高度不得小于50mm，通常为50～100mm；对于特殊用途器具，当存水弯较易清扫时，水封高度可以超过 100mm。

1. 自虹吸作用

卫生器具瞬时大量排水时，因存水弯自身充满而发生虹吸，使存水弯中的水被抽吸。

2. 诱发虹吸作用

立管中排水流量较大时，会造成中、上部立管水流流过的横支管在短时间内形成负压，使卫生器具的水封被抽吸；横支管上一个或多个卫生器具排水时，也会造成不排水卫生器具的存水弯产生压力波动，形成虹吸而破坏水封。

3. 正压喷溅

当卫生器具大量排水时，立管中水流高速下降，易在立管底部形成正压，使存水弯中的水封受压向上喷冒；当正压消失时，上升的水柱下落，在惯性作用下部分水向流出方向排出而损失水封高度。

4. 惯性晃动

立管中瞬时大量排水或通气管中倒灌强风，使水封水面上下晃动，水不断溢出，使水封高度降低。

5. 毛细管现象

在存水弯的排出口一侧因挂有毛发、布条之类的杂物，在毛细管作用下吸出存水弯中的水。

6. 蒸发

卫生器具长期不用，存水弯中的水封因逐渐蒸发而破坏，尤其在冬期供暖时蒸发更快。学校或旅馆等长期无人使用的卫生间，地漏水封容易因蒸发而损失。

（二）排水横管中的水流运动

建筑内部排水横管中的水流运动是一种复杂的带有可压缩性气体的非稳定、非均匀的流动。

1. 横管的水流状态

在卫生器具中排出管竖直下落的污水具有较大的动能。污水在器具排出管或排水立管与横管连接处流态发生转换，水面壅起形成水跃。此后流速下降，水流在横管内形成具有一定水深的横向流动。水流能量转化的剧烈程度与管道坡度、管径、排水流量、持续时间、排放点高度、卫生器具出口形式及管件形式等因素有关。

高层建筑立管长、排水流量大，污废水到达立管下端后高速冲入横干管产生强烈的冲激流，水面高高跃起，污废水可能充满整个管道断面。

卫生器具距离横支管的高差较小，污废水具有的动能小，在横支管处形成的水跃萦动性较弱，水流在横管内通常呈八字形流动。水面壅起较高时，也可能充满整个管段断面。

2. 横管中的气压变化

当卫生器具排水时，有可能造成管道内局部空气不能自由流动而形成正压或负压，导致水封破坏。排水管道设计成非满流，是让空气有自由流动的空间，防止压力波动。

3. 横管的排水能力

建筑内部横管的排水量可按明渠均匀流公式（2-3）和式（2-4）计算：

$$Q_{ph} = Av \tag{2-3}$$

$$v = \frac{1}{n} R^{2/3} i^{1/2} \tag{2-4}$$

式中　Q_{ph} ——横管的排水流量，L/s；

A ——水流的断面面积，m^2；

v ——水流的断面流速，m/s；

n ——管道的粗糙系数，塑料管：$n = 0.009$，铸铁管：$n = 0.013$，钢管：$n = 0.012$，混凝土管、钢筋混凝土管：$n = 0.013 \sim 0.014$；

R ——水力半径，在重力流条件下，管径和断面形式相同时，主要影响因素为充满度；

i ——水力坡度，重力流条件下即为管道坡度。

（三）排水立管中的水流运动

1. 立管的水流状态

由横支管进入立管的水流是断续的、非均匀的，排水立管中的水流为水、气两相流。水流或气流的大小决定了立管的工作状态是否良好。影响立管中水流运动最主要的因素是立管的充水率，即水流断面占管道断面的比例。因此，各种管径的立管都只允许一定的水量（或气量）通过，以保证水流在下落过程中产生的压力波动不致破坏水封。排水立管中的水流状态可分为以下几种。

（1）附壁螺旋流

当流量较小、充水率低时，因排水立管内壁粗糙，管壁和水的界面张力较大，水流沿着管内壁向下作螺旋运动。此时立管中气流顺畅，通气量大，气压稳定。

随着流量增加，螺旋运动开始被破坏，当水量较大时，螺旋流完全停止，水流附着管壁下落，此时管内气压仍较稳定。但这种状态属于过渡阶段，时间短，流量稍微增加，很快就转入另一个状态。

（2）水膜流

当流量继续增加时，由于空气阻力和管壁摩擦力的作用，形成具有一定厚度的环状薄膜，沿管壁向下运动。这一状态有两个特点：第一，环状水流下降过程中可能伴随产生横向隔膜，导致短时间内形成不稳定的水塞，但这种横向隔膜较薄，易被气体冲破，这种现象主要是在充水率为1/4~1/3时发生的；第二，水膜运动开始后便加速下降，当下降一段距离后，速度逐渐稳定，水膜厚度不再显著变化。

（3）水塞流

当流量足够大，充水率大于1/3后，横向隔膜的形成更加频繁，厚度的增加也使它不易被空气冲破，水流进入较稳定的水塞运动阶段。水塞运动会造成立管内气压剧烈波动，对水封产生严重影响，对排水系统的工况极为不利。

水流下落时位于位立管中心部位的水包卷着气体一起流动称为气核体。在整个水流下落的过程中气核体不断发生气体压力的变化：舒张或压缩。

2. 立管的排水能力

气压波动是影响立管排水能力的关键因素，综合考虑技术和经济两方面的需求，各国都采用水膜流作为确定立管排水能力的依据。

水膜流阶段，立管中的水流呈环状向下运动。下降之初，环状水流具有一定的加速度，其厚度与下降加速度成反比。下降一段距离后，水流所受管壁的摩擦阻力与重力平衡，加速度为零，水流便做匀速运动，水膜厚度也不再变化。这种保持着一直降落到底部而不变的速度称为终限流速，自水流入口处直至形成终限流速的距离称为终限长度。立管的排水能力按式（2-5）计算：

$$Q_{pl} = A_t v_t \tag{2-5}$$

式中，　　Q_{pl} ——立管的排水流量，m^3/s；

　　　　　A_t ——终限流速时环状水流的断面面积，m^2；

　　　　　v_t ——终限流速，m/s。

（1）过水断面积 A_t 的计算

终限流速时，环状水流的断面积为：

$$A_t = \alpha A_j = \frac{\alpha \pi d_j^2}{4} \tag{2-6}$$

式中，　　A_j ——立管的断面面积，m^2；

　　　　　α ——充水率，水膜流阶段一般为1/4~1/3；

　　　　　d_j ——立管的内径，m。

（2）终限流速 v_t 和终限长度 L_t 的计算

在立管的环状水流上选取微元体，假设其在微小时间间隔 Δt 内的下降高度为 ΔL，分析下降过程中微元体的受力情况。微元体在下降过程中同时受到向下的重力 W 和向上的管壁摩擦力 P 的作用。在 Δt 时刻内，根据牛顿第二定律，有：

$$F = ma = W - P \tag{2-7}$$

$$W = mg = Q_{pl}\rho \Delta t g \tag{2-8}$$

$$P = \tau \pi d_j \Delta L \tag{2-9}$$

式中　m——Δt 时刻内通过的水流的质量，kg；

　　　Q_{pl}——Δt 时刻内通过的水流的流量，m^3/s；

　　　ρ——水的密度，kg/m^3；

　　　Δt——水流的流行时间，s；

　　　g——重力加速度，$g=9.81m/s^2$；

　　　τ——立管内表面单位面积的水流摩擦力，N/m^2；

　　　d_j——立管的内径，m；

　　　ΔL——Δt 时刻内水流的下降高度，m。

将式（2-8）、式（2-9）代入式（2-7），整理后微分，得：

$$\frac{dv}{dt} = g - \frac{\tau \pi d_j}{Q_{pl}\rho}\frac{dL}{dt} \tag{2-10}$$

根据紊流理论得：

$$\tau = \frac{\lambda\rho}{8}v^2 \tag{2-11}$$

式中　λ——沿程阻力系数。

将式（2-11）代入式（2-10），整理后得：

$$\frac{dv}{dt} = g - \frac{\pi\lambda d_j}{8Q_{pl}}v^3 \tag{2-12}$$

终限流速 v_t 时，加速度为零，即：

$$\frac{dv}{dt} = 0 \tag{2-13}$$

于是终限流速为：

$$v_t = \left(\frac{8gQ_{pl}}{\pi\lambda d_j}\right)^{1/3} \tag{2-14}$$

λ 值由实验确定为：

$$\lambda = 0.1212\left(\frac{K_P}{e}\right)^{1/3} \qquad (2-15)$$

式中　K_P——管壁的粗糙高度，mm，聚氯乙烯：$K_P = 0.002 \sim 0.015$mm，新铸铁管：$K_P = 0.15 \sim 0.50$mm，旧铸铁管；$K_P = 1.0 \sim 3.0$mm，轻度锈蚀钢管 $K_P = 0.25$mm；

　　e ——环状水流的厚度，终限流速时为 e_t（m）。

将式（2-15）代入式（2-14），整理后得：

$$v_t = \left[\frac{21gQ_{pl}}{d_j}\left(\frac{e_t}{K_P}\right)^{1/3}\right]^{1/3} \qquad (2-16)$$

终限流速时环状水流的厚度，可按下列关系求得：

$$Q_{pl} = A_t v_t$$

$$A_t = \frac{\pi}{4}d_j^2 - \frac{\pi}{4}(d_j - 2e_t)^2 = \pi d_j e_t - \pi e_t^2 \qquad (2-17)$$

由于 e_t^2 值很小，可忽略不计，则：

$$Q_{pl} = \pi d_j e_t v_t$$

$$e_t = \frac{Q_{pl}}{\pi v_t d_j} \qquad (2-18)$$

将式（2-18）代入（2-16），整理后得：

$$v_t = 4.4\left(\frac{1}{K_p}\right)^{1/10}\left(\frac{Q_{pl}}{d_j}\right)^{2/5} \qquad (2-19)$$

式（2-19）表明：终限流速与流量成正比，与管道粗糙高度、管径成反比。对当量粗糙高度为 0.25mm 的新铸铁管，终限流速与流量、管径的关系为：

$$v_t = 10.08\left(\frac{Q_{pl}}{d_j}\right)^{2/5} \qquad (2-20)$$

式 2-20 中，v_t 的单位为 m/s；Q_{pl} 的单位为 m³/s；d_j 的单位为 m；Q_{pl}/d_j 的单位为 m³/（s·m）。对于管径为 100mm 的新铸铁管，当流量为 10L/s 时，相当于约 1250 个当量的卫生器具（或约 278 个大便器）同时排水，此时终限流速约为 4/s。随着流量增加，终限流速增长缓慢，即使流量为 40L/s 时，相当于约 2.6 万个当量的卫生器具（或约 5700 个大便器）同时排水，此时终限流速也只有 7m/s。

根据终限长度的定义，对复合函数：

$$v = f(L) \quad L = f(t)$$

对流速求导，则：

$$\frac{\mathrm{d}v}{\mathrm{d}t} = \frac{\mathrm{d}v}{\mathrm{d}L}\frac{\mathrm{d}L}{\mathrm{d}t} = v\,\frac{\mathrm{d}v}{\mathrm{d}L} \tag{2-21}$$

将式（2-12）代入式（2-21），整理得：

$$\mathrm{d}L = \frac{v\mathrm{d}v}{g\left(1 - \dfrac{\pi\lambda d_{\mathrm{j}}}{8gQ_{\mathrm{pl}}}v^{3}\right)} \tag{2-22}$$

对式（2-22）两边积分，运算得：

$$L_{\mathrm{t}} = 0.14433v_{\mathrm{t}}^{2} \tag{2-23}$$

将式（2-19）代入式（2-23），整理得：

$$L_{\mathrm{t}} = 2.79\left(\frac{1}{K_{\mathrm{p}}}\right)^{1/5}\left(\frac{Q_{\mathrm{pl}}}{d_{\mathrm{j}}}\right)^{4/5} \tag{2-24}$$

式（2-24）表明：终限长度与流量成正比，与管道粗糙高度、管径成反比。对当量粗髓高度为 0.25mm 的新铸铁管，终限长度与流量、管径的关系为：

$$L_{\mathrm{t}} = 14.66\left(\frac{Q_{\mathrm{pl}}}{d_{\mathrm{j}}}\right)^{4/5} \tag{2-25}$$

三、减缓排水管内气压波动的措施

（一）影响排水横管内气压波动的因素

当流量一定时，影响排水横管内气压波动的主要因素是存水弯的构造，排水管道的管径、坡度、长度和连接形式，还有通气状况。

1. 存水弯构造的影响

S 形存水弯与 P 形存水弯相比，较易形成自虹吸作用，水封损失通常也较 P 形弯更大。存水弯构造不同，诱导虹吸作用所造成的影响也不相同：与等径存水弯相比，出口口径较小的异径存水弯具有较大的水封损失。

2. 排水管道的管径、坡度、长度及连接方式的影响

当横支管管径、长度相同时，对不同的坡度、不同的立管管径进行实验，比较其对水封的影响程度。实验结果分析有以下几项。

（1）坡度的影响

横管坡度较小时，局部负压产生于靠近立管的位置。器具排水结束后，水塞运动导致气压波动，水封略有损失。

稍稍增大坡度，在临近排水立管处发生水跃，造成横管内产生 50mm 的负压。器具排水结束后，水跃面在管内负压作用下向上游移动，但未能到达存水弯，负压最终上升至

60mm，水封损失较大。

继续增大坡度，同样在靠近排水立管处发生水跃。由于坡度较大，水跃缓慢向下游移动，在器具排水结束前达到立管。负压得到缓解，水封没有损失。

（2）立管管径的影响

立管管径较大，横支管内未形成满管流。此时气压稳定，水封没有损失。

立管管径较小，水流在横管与立管连接处受到阻滞。回水导致横管内首先形成 40mm 以上的正压，后又发生水跃，产生 60mm 以下的负压。横管内气压波动剧烈，水封损失很大。当坡度非常小时，负压的作用有可能使水流重新回到存水弯，减小水封损失。

（3）管道长度和连接方式的影响

横管越长，管内因压力波动造成的水封损失也越大。

连接方式对排水管道的气压波动也有一定影响。如与顺水管件相比，直流 90° 管件造成的压力波动较大。

3. 通气状况的影响

排水横管的气压波动主要由自虹吸和诱导虹吸作用造成。设置环形或器具通气管时，可将管内的正、负压区域与大气直接连通，从而减缓管内的气压波动。此外，设置吸气阀也有助于缓解管内的负压，但对正压不起作用。为保证安全，吸气阀应垂直设置在空气流通的地方。

（二）影响排水立管内气压波动的因素

1. 立管内最大负压影响因素分析

与正压相比，高层建筑排水立管内产生负压的绝对值更大，因此把最大负压作为研究对象，以普通伸顶通气的单立管排水系统为例进行分析。水流由横支管进入立管，在立管中呈水膜流状态挟气向下运动，空气从伸顶通气管顶端补入。

2. 立管偏位对管内气压波动的影响

高层建筑排水设计中，对过长的排水立管可设置偏位管，认为偏位会降低立管中水流的流速，减小管内的气压波动。有试验研究表明，立管偏位增大了管内空气流动的阻力，会造成更大的气压波动。

在偏位处（立管）和转向竖管（横管）的上方，因水流受阻，回水导致管内形成正压；在下方，因诱导虹吸作用，在管内形成负压，水封均遭到破坏。

3. 化学洗涤剂对管内气压波动的影响

高层建筑排水中通常含有大量洗涤剂，流动过程中，洗涤剂不断与污水和空气混合，容易产生泡沫。泡沫的容重介于水和空气之间。污水很容易通过泡沫流走，但空气则被挡住。泡沫不断压缩和积聚，会造成管道通气断面堵塞，形成气压波动。同时，洗涤剂还会降低水与管壁间的表面张力，增大污水在立管内的下降速度，也加剧了气压的波动。

（三）排水管道的通气系统

设置通气系统，可以使排水管内的空气直接与大气相通，稳定管内压力。合理设置通气管道不但能保持卫生器具的水封高度，还有助于排出管道中的有害气体、增大管道的通水能力、减小噪声。

1. 建筑内部排水管道的通气方式

（1）普通伸顶通气

把排水立管顶部延长伸出屋顶，通气主要靠排水立管的中心空间。该通气方式适用于排水量小的 10 层以下多层或低层建筑，是最经济的排水系统，也称为普通单立管排水系统。

（2）专用通气立管通气

设置的通气立管仅与排水立管连接，可保障排水立管内的空气畅通。该通气方式适用于横支管上卫生器具较少、横支管不长的高层建筑排水系统。

（3）互补湿通气

当洗涤废水与粪便污水分流排放时，在两根排水立管之间每隔 3~5 层设置连通管，形成互补湿通气方式。大便器的排水量虽大，但历时短，粪便污水立管经常处于空管，可作为通气立管使用。

（4）环形通气管通气

当排水横支管连接 4 个及 4 个以上卫生器具且横支管长度大于 12m，或连接 6 个及 6 个以上大便器时，应在横支管上设置环形通气管。设置环形通气管的同时，应设置通气立管。既与环形通气管连接，又与排水立管连接的通气立管，称为主通气立管；仅与环形通气管连接的通气立管，称为副通气立管。

（5）器具通气管通气

在卫生器具存水弯出口端设置的通气管道。设置器具通气管的同时，应设置环形通气管。这种通气方式可防止存水弯形成自虹吸，通气效果好，但造价高、施工复杂，建筑上管道隐蔽处理也比较困难，一般用于对卫生、安静要求较高的建筑。

（6）共用通气立管通气

两根排水立管合用一根通气立管，以降低造价、减小占地面积。这种通气方式是（2）和（3）两种方式的结合，具有双重功能。

（7）自循环通气

通气立管在顶端、层间和排水立管相连，在底端与排出管连接，排水时在管道内产生的正负压通过连接的通气管道迂回补气而达到平衡的通气方式。目前，自循环通气在实践中的应用尚处于探索阶段。

2. 通气管管径

通气管管径应根据排水管负荷、管道长度确定，主要有以下几项原则。

（1）通气管的管径不宜小于排水管管径的 1/2。

（2）通气立管长度在 50m 以上时，其管径应与排水立管管径相同。

（3）通气立管长度不大于 50m，且两根及两根以上排水立管同时与一根通气立管相连，应以最大一根排水立管确定通气立管管径，且其管径不宜小于其余任何一根排水立管管径。

（4）排水立管与通气立管之间的连接管称结合通气管，其管径不宜小于与其连接的通气立管管径。

（5）伸顶通气管的管径应与排水立管管径相同。但在最冷月平均气温低于 -13℃ 的地区，应在室内平顶或吊顶以下 0.3m 处将管径放大 1 号。

（6）当两根或两根以上污水立管的通气管汇合连接时，汇合通气管的断面积应为最大一根通气管加其余通气管断面积之和的 0.25 倍。

3. 通气管的安装要求

（1）关于伸顶通气管的安装要求主要有以下几点。

①通气管高出屋面不得小于 0.3m，同时应大于当地最大积雪厚度。在经常有人停留的平屋面上，通气管口应高出屋面 2.0m 以上，同时应根据防雷要求考虑防雷装置；当利用屋顶作花园、茶园时，应进行建筑上的处理。通气管顶端应装设风帽或网罩。

②在通气管口周围 4m 以内有门、窗时，通气管应高出门、窗顶 0.6m 或引向无门、窗一侧。

③伸顶通气管的顶端有冻结闭锁可能时，可放大管径，管径变化点应设在建筑物内平顶或吊顶以下 0.3m 处。

④伸顶通气管不允许或不可能单独伸出屋面时，可设置汇合通气管。

（2）不伸出屋面而布置在建筑外墙面的通气管，其装饰构造不得阻碍通气能力。通气管口不能设在建筑物挑出部分（如屋檐檐口、阳台和雨篷等）的下面。

（3）通气立管不得接纳器具污水、废水和雨水，不得与风道和烟道连接。通气立管的上端可在最高层卫生器具上边缘或检查口以上与伸顶通气管以斜三通连接，下端应在最低排水横支管以下与排水立管以斜三通连接。

（4）关于通气横支管的安装要求主要有以下几点。

①为避免污物滞留，阻碍通气，形成"死端"，环形通气管应在排水横支管最上游的第一、第二个卫生器具之间接出，接出点应高于排水横支管中心线，同时应与排水管断面垂直或与垂直中心线呈45°角。

②通气横支管应有不小于0.01的坡度坡向排水管，以便管内湿热气流形成的凝水能自流入排水管。为防止凝结水积聚阻塞通气管道，通气横支管上不应有凹形弯曲部位。

③通气横支管应设置在本层最高卫生器具上边缘以上不低于0.15m处，与通气立管连接。

（5）关于结合通气管（又称共轭通气管）的安装主要有以下几点。

①专用通气立管宜每层或隔层、主通气立管不超过8层设结合通气管与排水立管连接。结合通气管下端宜在排水横支管以下与排水立管以斜三通连接，上端可在卫生器具上边缘以上不小于0.15m处与通气立管以斜三通连接。

②当结合通气管布置有困难时，可用管件代替。管件与通气管的连接点应设置在卫生器具上边缘以上不小于0.15m处。

（6）排水立管偏位的通气与垂直线超过45°的偏离立管，除系统最低排水横支管以下的偏位管外，可按下列措施之一设通气管。

①偏位管的上部和下部分别作为单独的排水立管设置通气立管。

②偏位管上部设结合通气管，偏位管下部的排水立管向上延长、或偏位管下部最高位排水横支管与排水立管连接点上方设置安全通气管。

（四）特殊单立管排水系统

空气通道被水流断面挤占或切断，是造成排水立管内气压波动的根本原因。目前，特殊单立管排水系统主要采取以下两种方案。

第一，在立管内壁设置有突起的螺旋导流槽，同时配套使用偏心三通。水流经偏心三通沿切线方向进入立管后，在螺旋突起的引导下沿立管管壁螺旋下降，流动过程中立管中心空气畅通，管内压力稳定。

第二，在横支管与立管连接处、立管底部与横干管或排出管连接处设置特制配件，缓解管内的压力波动。高层建筑排水立管多，不设通气管道仅设伸顶通气管，更有利于建筑的空间利用。

1. 特制配件的形式

特制配件包括上部特制配件和下部特制配件，二者需配套使用。

（1）上部特制配件

用于排水横支管与立管的连接。具有气水混合，减缓立管中水流速度和消除水舌等功能。

混合器的乙字管控制立管水流速度；分离器使立管和横管水流在各自的隔间内流动，避免相互冲击和干扰；挡板上部留有缝隙，可流通空气，平衡立管和横管的气压，以防止虹吸作用。混合器构造简单，维护容易，安装方便，最多可接纳三个方向的来水。

环流器的中部有一段内管，可阻挡横管水流与立管水流的相互冲击或阻截；立管水流从内管流出呈倒漏斗状，以自然扩散下落，形成气、水混合物；环流器可接入多条横管，减少了横管内排水合流而产生的水塞现象。环流器构造简单，不易堵塞，多余的接口还可用作清扫口。

环旋器的内部构造同环流器，不同点在于横管以切线方向接入，使横管水流接入环旋器后形成一定程度的旋流，有利于保持立管的空气芯。由于横管从切线方向接入，中心无法对准，给对称布置的卫生间采用环流器带来困难。

侧流器由主室和侧室组成，由侧室消除立管水流下落时对横管的负压抽吸。立管下端装有涡流叶片，能继续维持排水立管的空气芯，保证了立管和横管的水流同时同步旋转而又增加支管接入数量。优点是能有效地控制排水噪声，但因涡流叶片构造复杂，易堵塞。

（2）下部特制配件

用于排水立管底部，与横干管或排出管连接。排水时，能同时起到气水分离、消能等作用。

①跑气器的分离室有凸块，使气水分离，释放的气体从跑气口排出，保证了排水立管底部压力恒定在大气压左右。释放出气体后的水流体积减小，减小了横干管的充满度。跑气器通常和混合器配套使用。

②角笛式弯头和带跑气器角笛式弯头作为接头有足够的高度和空间，可以容纳立管带来的高峰瞬时流量，也可控制水流所引起的水跃。角笛式弯头常与环流器、环旋器配套使用。

③使用大曲率导向弯头时，弯头曲率半径加大，并设导向叶片，在叶片角度的导引下，可消除立管底部的水跃、壅水和水流对弯头底部撞击。导向弯头常和侧流器等配套使用。

2. 特殊单立管排水系统的管径

当使用特制配件的单立管排水系统时，立管管径不应小于100m。

3. 特制配件的选用

（1）上部特制配件

①混合器主要用于排水立管靠墙敷设，排水横支管单向、双向或三向从侧面与立管连接；同层排水横支管在不同高度通过混合器与排水立管连接。

②环流器主要用于排水立管不靠墙敷设，多根排水横支管通过环流器可从多个方向与排水立管连接。

③环旋器主要用于排水立管不靠墙敷设，多根排水横支管从多个方向在非同一水平轴向通过环旋器与排水立管连接。

④侧流器主要用于排水立管靠墙角敷设，排水横支管数量在 3 根及 3 根以上的情况，且不从侧向与排水立管连接。

（2）下部特制配件

第一，下部特制配件应与上部特制配件配套选用，当上部特制配件为混合器时，则配套跑气器。当上部特制配件为环流器、环旋器、侧流器时，则配套角笛式弯头、大曲率导向弯头或跑气器。

第二，当排水立管与总排水横管连接时，连接处应设跑气器。

第三，当上、下排水立管之间用横管偏位连接时，上部立管与横管连接处应设跑气器。

4. 特殊单立管排水系统的安装要求

除满足一般排水立管的要求外，所有特殊单立管排水系统的顶端必须设伸顶通气管。此外，不同类型特殊单立管排水系统的安装有各自要求。

（1）螺旋排水系统

使用这一排水系统时，立管上不得设置转弯管段，最低排水横支管与立管连接处距立管管底的最小垂直距离应满足相关要求。

（2）特制配件排水系统

该系统采用下部特制配件时，底层宜单独排水。同层不同高度的横支管接入混合器时，生活污水横支管宜从上部接入，较立管管径小 1~2 级的生活废水宜从下部接入。跑气器的管径应较排水立管小 1 级，其始端接自跑气器顶部，末端的连接应满足以下要求。

第一，当与横干管或排出管连接时，跑气管应在距跑气器水平距离不小于 1.5m 处与横干管或排出管中心线以上呈 45°连接，并应以不小于 0.01 的坡度坡向排水横干管或排出管。

第二，当与下游偏置的排水立管连接时，跑气管应在距该立管顶部以下不小于 0.6m 处与立管成 45°连接，并应以不小于 0.03 的管坡坡向与排水立管的连接处。

第三节　室外排水系统

排水工程设计应以批准的城镇的总体规划和排水工程专业规划为主要依据，从全局出发，根据规划年限、工程规模、经济效益、社会效益和环境效益，正确处理城镇中工业与农业、城市化与非城市化地区、近期与远期、集中与分散、排放与利用的关系。通过全面论证，做到能保护环境、节约土地、技术先进、经济合理、安全可靠并适合当地的实际情况。

一、排水系统

排水工程设计应在不断总结科研和生产实践经验的基础上，积极采用经过鉴定的、行之有效的新技术、新工艺、新材料、新设备。

对操作繁重、影响安全、危害健康的排水工程，应采用机械化和自动化设备。

排水工程的设计，除应符合现行国家的有关标准和规范外，还应按相关规定执行。

在地震、湿陷性黄土、膨胀土、多年冻土以及其他特殊地区设计排水工程时，还应符合现行的有关专门规范的规定。

工业废水接入城镇排水系统的水质应按有关标准执行，不能影响城镇排水管渠和污水处理厂等的正常运行；不应对养护管理人员造成伤害；不能影响经过处理后出水的再生利用和安全排放，不能影响污泥的处理和处置。

（一）分类

排水制度（分流制或合流制）的选择，应根据城镇的总体规划，结合当地的地形特点、水文条件、水体状况、气候特征、原有排水设施、污水处理程度和处理后出水利用等进行综合考虑确定。同一城镇的不同地区可采用不同的排水制度。新建地区的排水系统宜采用分流制。合流制排水系统应设置污水截流设施。对水体保护要求较高的地区，可对初期雨水进行截流、调蓄和处理。在缺水地区，宜对雨水进行收集、处理和综合利用。

排水系统设计应综合考虑下列因素：

第一，污水的再生利用，污泥的合理处置；

第二，与邻近区域内的污水和污泥的处理和处置系统相协调；

第三，与邻近区域及区域内给水系统和洪水的排除系统相协调；

第四，接纳工业废水并进行集中处理和处置的可能性；

第五，适当改造原有排水工程设施，充分发挥其工程效能。

1. 合流制

合流制是指用同一管渠系统收集和输送城市污水和雨水的排水方式。

（1）直泄式完全合流制

直泄式完全合流制的特点是投资最省，但环境污染严重。

（2）截流合流制

截流合流制的特点是收集初期雨水；当雨量大时溢流。

2. 分流制

分流制是指用不同管渠系统分别收集和输送各种城市污水和雨水的排水方式。

（1）完全分流制

完全分流制包括雨水、污水两套系统。其污水量稳定，有利于处理，但投资高。

（2）不完全分流制

不完全分流制先建污水系统，不建雨水系统；节省初期投资。

（二）组成

完全分流制室外排水系统由污水排水系统和雨水排水系统组成。

1. 污水排水系统

污水排水系统的流程为庭院排水管→街道排水管→检查井→中途泵站→污水厂→排出口。

2. 雨水排水系统

雨水排水系统的流程为雨水口→雨水管→检查井→排出口。

（三）布置

1. 支管布置

街道排水支管的布置形式有低边式、围坊式、穿坊式。

（1）低边式

低边式适用于排水支管布置在街道处，小区内的排水管顺着地形坡度进入街道支管，可以减小街道管道埋深和支管管径。

（2）围坊式

围坊式适用于地势平坦，小区较大，街道支管围绕小区布置，管长减小，埋深减小。

（3）穿坊式

穿坊式适用于建筑规划确定后，街道排水支管穿过小区，有利于街道支管减小和小区排水管长度，埋深减小。

2. 干管布置

（1）正交式

正交式是指排水干管与河道流向垂直相交的布置形式。其管道长度短，充分利用地形坡度；管径小，雨水排水管道布置中应用较多。

（2）截流式

截流式是指河岸边建造一条截流干管，合流干管与截流干管相交前或相交处设置截流井，并在截流干管下游设置污水处理厂。

（3）平行式

平行式的干管与河道基本平行。地势向河流有较大倾斜时，平行式布置可使管道内流速降低，避免管道受到严重冲刷。

（4）分区式

分区式是地势较高的地区和较低的地区分别布置管道系统。地势较高的地区的污水靠重力流直接流入污水厂；地势较低的地区的污水用泵送至地势较高的地区干管或污水处理厂。分区式干管布置能充分利用地形排水，节省能源消耗。

（5）分散式

分散式是指各排水流域的干管采用辐射状布置形式，具有独立的排水系统。当城市周围有河流或城市的地势从中央向四周倾斜时常采用分散式布置。这种布置方式具有干管长度短、管径小、埋深浅等优点。

（6）环绕式

环绕式是指在四周布置主干管，各干管的污水截流到污水处理厂。建造小型污水厂不经济时，倾向于建造大型污水厂，布置形式可由分散式发展成环绕式。

3. 管道布置

管道的布置原则是：道路边缘；污水管最低；有压管让无压管。

排水管渠系统应根据城镇总体规划和建设情况统一布置，分期建设。排水管渠断面尺寸应按远期规划的最高日最高时设计流量设计，按现状水量复核，并考虑城市远景发展的需要。

管渠平面位置和高程，应根据地形、土质、地下水水位、道路情况、原有的和规划的地下设施、施工条件以及养护管理方便等因素综合考虑确定。排水干管应布置在排水区域内地势较低或便于降水、污水汇集的地带。排水管宜沿城镇道路敷设，并与道路中心线平行，宜设在快车道以外。截流干管宜沿受纳水体岸边布置。管渠高程设计除考虑地形坡度外，还应考虑与其他地下设施的关系以及接户管的连接方便与否。

管渠材质、管渠构造、管渠基础、管道接口应根据排水水质、水温、冰冻情况、断面尺寸、管内外所受压力、土质、地下水水位、地下水侵蚀性、施工条件及对养护工具的适应性等因素进行选择与设计。输送腐蚀性污水的管渠必须采用耐腐蚀材料，其接口及附属构筑物必须采取相应的防腐蚀措施。当输送易造成管渠内沉析的污水时，管渠形式和断面的确定必须考虑维护检修的方便。工业区内经常受有害物质污染场地的雨水，应经预处理达到相应标准后才能排入排水管渠。

排水管渠系统的设计应以重力流为主，不设或少设提升泵站。当无法采用重力流或重力流不经济时，可采用压力流。污水管道和附属构筑物应保证其密实性，防止污水外渗和地下水入渗。当排水管渠出水口受水体水位顶托时，应根据地区重要性和积水所造成的后果，设置潮门、闸门或泵站等设施。排水管渠系统中，在排水泵站和倒虹管前，宜设置事故排出口。

雨水管渠系统设计可结合城镇总体规划，考虑利用水体调蓄雨水，必要时可建人工调蓄和初期雨水处理设施。雨水管道系统之间或合流管道系统之间可根据需要设置连通管。必要时可在连通管处设闸槽或闸门。连接管及附近闸门井应考虑维护管理的方便。

规定排水管道与其他地下管线和构筑物等相互间位置的要求。当地下管道多时，不仅应考虑到排水管道不应与其他管道互相影响，而且要考虑维护管理的方便。规定排水管道与生活给水管道相交时的要求，以防止污染生活给水管道。

规定排水管道与其他地下管线的水平和垂直最小间距。排水管道与其他地下管线（或构筑物）的水平和垂直最小净距，应由城市规划部门或工业企业内部管道综合部门根据其管线类型、数量、高程、可敷设管线的位置等因素制定管道综合设计确定。规定再生水管道与生活给水管道、合流管道和污水管道相交时的要求。为避免污染生活给水管道，再生水管道应敷设在生活给水管道的下面，当不能满足时，必须有防止污染生活给水管道的措施。为避免污染再生水管道，再生水管道宜敷设在合流管道和污水管道的上面。

二、室外污水系统

覆土厚度是指外壁顶到地面的距离；埋设深度是指内壁底到地面的距离。

管道衔接方式有管顶平接、管底平接、水面平接几种。管顶平接适用于小管径接大管径；管底平接适用于上游缓坡大管径接下游陡坡小管径；水面平接适用于等管径相接或小管径接大管径。无论采用何种衔接方法，下游管段起端的管底和水面标高都不得高于上游管段终端的管底和水面标高。

不同直径的管道在检查井内的连接，宜采用管顶平接或水面平接。当管道转弯和交接处，其水流转角不应小于90°；管径小于等于300 mm，跌水水头大于0.3 m时，可不受此限制。管道基础应根据管道材质、接口形式和地质条件确定，可采用混凝土基础、砂石垫层基础或土弧基础，对地基松软或不均匀沉降的地段，管道基础应采取加固措施。

第一，街道污水管网起点的埋深必须大于或等于小区污水管终点的埋深。管道衔接设计见式 2-3。

$$Z_2 - H_2 - IL - \Delta = Z_1 - H_1$$
$$H_1 = H_2 + Z_1 - Z_2 + IL + \Delta \qquad (2-26)$$

式中　H_1——街道污水管网起点的最小埋深，m；

　　　　H_2——小区污水管起点的最小埋深，m；

　　　　Z_1——街道污水管起点检查井处地面标高，m；

　　　　Z_2——小区污水管起点检查井处地面标高，m；

　　　　I——小区污水管和连接支管的坡度；

　　　　L——小区污水管和连接支管的总长度，m；

　　　　Δ——连接支管与街道污水管的管内底高差，m。

第二，城镇旱流污水设计流量，合流制排水系统晴天时输送的污水，应按下列公式计算：

$$Q_{dr} = Q_d + Q_m \qquad (2-27)$$

式中　　Q_{dr}——截留井以前的旱流污水设计流量，L/s；

　　　　Q_d——设计综合生活污水量，L/s；

　　　　Q_m——设计工业废水量，L/s。

在地下水水位较高的地区，应考虑渗入地下的水量，其量宜根据测定资料确定。

第三，居民生活污水定额和综合生活污水定额应根据当地采用的用水定额，结合建筑物内部给水排水设施水平和排水系统普及程度等因素确定。可按当地相关用水定额的 80%~90% 采用。

第四，综合生活污水量总变化系数可按当地实际综合生活污水量变化资料采用。

第五，工业区内生活污水量、沐浴污水量的确定，应符合现行国家有关规定。

第六，工业区内工业废水量和变化系数的确定，应根据工艺特点，并与国家现行的工业用水量有关规定协调。

三、室外雨水系统

第一，雨水设计流量，应按式 2-27 计算：

$$Q_s = q\Psi F \qquad (2-28)$$

式中　Q_s——雨水设计流量，L/s；

　　　　q——设计暴雨强度，L/（s·hm²）；

Ψ ——径流系数；

F ——汇水面积，hm^2。

当有允许排入雨水管道的生产废水排入雨水管道时，应将其水量计算在内。

径流量是指流入雨水管道系统的雨水量。当雨水径流量增大，排水管渠的输送能力不能满足要求时，可设雨水调蓄池。

径流系数是指一定汇水面积内地面径流水量与降雨量的比值。汇水面积的平均径流系数按地面种类加权平均计算。

第二，暴雨强度是指在某一历时内的平均降雨量，即单位时间内的降雨深度，工程上常用单位时间单位面积内的降雨体积表示，应按式 2-29 计算：

$$q = \frac{167A_1(1 + ClgP)}{(t + b)^n} \tag{2-29}$$

式中　q　　　　　　　——设计暴雨强度，$L/(s \cdot hm^2)$；

t　　　　　　　——降雨历时，min；

P　　　　　　　——设计重现期，年；

A_1、C、n、b ——参数，根据统计方法进行计算确定。

具有 20 年以上自动雨量记录的地区，排水系统设计暴雨强度公式应采用年最大值法。

重现期是指在一定长的统计期间内，等于或大于某暴雨强度的降雨出现一次的平均间隔时间。重现期越大，降雨强度越大。雨水管渠设计重现期，应根据汇水地区性质、地形特点和气候特征等因素确定。同一排水系统可采用同一重现期或不同重现期。重现期一般采用 0.5~3 年，重要干道、重要地区或短期积水即能引起较严重后果的地区，一般采用 3~5 年，并应与道路设计协调。特别重要的地区和次要地区可酌情增减。降雨频率为重现期的倒数。

第三，降雨历时是指降雨过程中的任意连续时段。雨水管渠的降雨历时，应按式 2-30 计算：

$$t = t_1 + t_2 \tag{2-30}$$

式中　t ——降雨历时，min；

t_1——地面集水时间，min，应根据汇水距离、地形坡度和地面种类计算确定，一般采用 5~15 min；

t_2——管渠内雨水流行时间，min。

四、合流水量

第一，合流管渠的设计流量，应按式 2-31 计算：

$$Q = Q_d + Q_m + Q_s = Q_{dr} + Q_s \qquad (2-31)$$

式中　Q ——设计流量，L/s；

　　　　Q_d ——设计综合生活污水设计流量，L/s；

　　　　Q_m ——设计工业废水量，L/s；

　　　　Q_s ——雨水设计流量，L/s；

　　　　Q_{dr} ——截流井以前的旱流污水量，L/s。

　　第二，截流井以后管渠的设计流量，应按 2-32 计算：

$$Q' = (n_0 + 1) Q_{dr} + Q'_s + Q'_{dr} \qquad (2-32)$$

式中　Q' ——截流井以后管渠的设计流量，L/s；

　　　　n_0 ——截流倍数；

　　　　Q'_s ——截流井以后汇水面积的雨水设计流量，L/s；

　　　　Q'_{dr} ——截流井以后的旱流污水量，L/s。

　　截流倍数是指合流制排水系统在降雨时被截流的雨水量与设计旱流污水量的比值。应根据旱流污水的水质、水量、排放水体的卫生要求、水文、气候、经济和排水区域大小等因素经计算确定，一般采用 2~5。在同一排水系统中可采用不同截流倍数。合流管道的雨水设计重现期可适当高于同一情况下的雨水管道设计重现期。

五、水力计算

　　第一，排水管渠的流量，应按式 2-33 计算：

$$Q = Av \qquad (2-33)$$

式中　Q ——设计流量，m^3/s；

　　　　A ——水流有效断面面积，m^2；

　　　　v ——流速，m/s。

　　第二，恒定流条件下排水管渠的流速，应按式 2-34 计算：

$$v = \frac{1}{n} R^{\frac{2}{3}} I^{\frac{1}{3}} \qquad (2-34)$$

式中　v ——流速，m/s；

　　　　R ——水力半径，m；

　　　　I ——水力坡降；

　　　　n ——粗糙系数。

　　水力半径是指过水断面面积与湿周之比。

　　第三，排水管渠粗糙系数宜按表 2-2 的规定取值。

表 2-2　排水管渠粗糙系数

管渠类别	粗糙系数 n	管渠类别	粗糙系数 n
UPVC 管、PE 管、玻璃钢管	0.009~0.01	浆砌砖渠道	0.015
石棉水泥管、钢管	0.012	浆砌块石渠道	0.017
陶土管、铸铁管	0.013	干砌块石渠道	0.020~0.025
混凝土管、钢筋混凝土管、水泥砂浆抹面渠道	0.013~0.014	土明渠（包括带草皮）	0.025~0.030

第四，重力流污水管道应按非满流计算，其最大设计充满度应按表 2-3 的规定取值。

表 2-3　最大设计充满度

管径或渠高/mm	最大设计充满度
200~300	0.55
350~450	0.65
500~900	0.70
≥1.000	0.75

注：在计算污水管道充满度时，不包括短时突然增加的污水量，但当管径不超过 300mm 时，应按满流复核。

第五，排水管道的最大设计流速，金属管道为 10.0 m/s；非金属管道为 5.0 m/s。

第六，排水明渠的最大设计流速，当水流深度为 0.4~1.0 m 时，宜按表 2-4 的规定取值。

表 2-4　明渠最大设计流速

明渠类别	最大设计流速/ (m·s^{-1})
粗砂或低塑性粉质黏土	0.8
粉质黏土	1.0
黏土	1.2
草皮护面	1.6
干砌块石	2.0
浆砌块石或浆砌砖	3.0
石灰岩和中砂岩	4.0
混凝土	4.0

当水流深度在 0.4~1.0m 范围以外时，表 2-4 所列最大设计流速应乘以相应系数：当 $h<0.4$ m 时，系数为 0.85；当 $1.0<h<2.0$m 时，系数为 1.25；当 $h≥2.0$ m 时，系数为

1.40。（h 为水深）

第七，排水管渠的最小设计流速，应符合下列规定：①污水管道在设计允满度下为 0.6 m/s；②雨水管道和合流管道在满流时为 0.75 m/s；③明渠为 0.4 m/s。

第八，污水厂压力输泥管的最小设计流速一般可按表 2-5 的规定取值。

表 2-5　压力输泥管最小设计流速

污泥含水率/%	最小设计流速/（m·s⁻¹）	
	管径 150~250mm	管径 300~400mm
90	1.5	1.6
91	1.4	1.5
92	1.3	1.4
93	1.2	1.3
94	1.1	1.2
95	1.0	1.1
96	0.9	1.0
97	0.8	0.9
98	0.7	0.8

第九，排水管道采用压力流时，压力管道的设计流速宜采用 0.7~2.0 m/s。

第十，排水管道的最小管径与相应最小设计坡度，宜按表 2-6 的规定取值。

第十一，管道在坡度变陡处，其管径可根据水力计算确定由大改小，但不得超过 2 级，并不得小于相应条件下的最小管径。

表 2-6　最小管径与相应最小设计坡度

管道类别	最小管径/mm	相应最小设计坡度
污水管	300	塑料管为 0.002，其他管为 0.003
雨水管和合流管	300	塑料管为 0.002，其他管为 0.003
雨水口连接管	200	0.01
压力输泥管	150	—
重力输泥管	200	0.01

排洪沟的山洪洪峰流量一般有洪水调查法、推理公式法和经验公式法，应特别重视洪水调查法。

六、排水构筑物

管道接口应根据管道材质和地质条件确定，可采用刚性接口或柔性接口，污水及合流管道宜选用柔性接口。当管道穿过粉砂、细砂层并在最高地下水水位以下，或在地震设防烈度为 8 度设防区时，应采用柔性接口。设计排水管道时，应防止在压力流情况下使接户管发生倒灌。污水管道和合流管道应根据需要设通风设施。

管顶最小覆土深度，应根据管材强度、外部荷载、土壤冰冻深度和土壤性质等条件，结合当地埋管经验确定。管顶最小覆土深度宜为：人行道下 0.6 m，车行道下 0.7 m。一般情况下，排水管道宜埋设在冰冻线以下。当该地区或条件相似地区有浅埋经验或采取相应措施时，也可埋设在冰冻线以上，其浅埋数值应根据该地区经验确定。道路红线宽度超过 50 m 的城市干道，宜在道路两侧布置排水管道。设计压力管道时，应考虑水锤的影响。在管道的高点及相隔一定距离处，应设排气装置；在管道的低点以及每隔一定距离处，应设排空装置。

承插式压力管道应根据管径、流速、转弯角度、试压标准和接口的摩擦力等因素，通过计算确定是否在垂直或水平方向转弯处设置支墩。压力管接入自流管渠时，应有消能设施。管道的施工方法，应根据管道所处土层性质、管径、地下水水位、附近地下和地上建筑物等因素，经技术经济比较，确定采用开槽、顶管或盾构施工等。

（一）检查井

检查井的位置，应设在管道交汇处、转弯处、管径或坡度改变处、跌水处以及直线管段上每隔一定距离处。检查井在直线管段的最大间距应根据疏通方法等具体情况确定。

检查井井口、井筒和井室的尺寸以便于养护和检修，爬梯和脚窝的尺寸、位置以便于检修和上下安全；检修室高度在管道埋深许可时一般为 1.8m，污水检查井由流槽顶起算，雨水（合流）检查井由管底起算。检查井井底宜设流槽。污水检查井流槽顶可与 0.85 倍大管管径处相平，雨水（合流）检查井流槽顶可与 0.5 倍大管管径处相平。流槽顶部宽度宜满足检修要求。在管道转弯处，检查井内流槽中心线的弯曲半径应按转角大小和管径大小确定，但不宜小于大管管径。位于车行道的检查井，应采用具有足够承载力和稳定性良好的井盖与井座。

检查井宜采用具有防盗功能的井盖。位于路面上的井盖，宜与路面持平；位于绿化带内井盖，不应低于地面。在污水干管每隔适当距离的检查井内，需要时可设置闸槽。接入检查井的支管（接户管或连接管）管径大于 300mm 时，支管数不宜超过 3 条。检查井与管渠接口处，应采取防止不均匀沉降的措施。在排水管道每隔适当距离检查井内和泵站前一检查井内宜设置沉泥槽，深度宜为 0.3~0.5m。在压力管道上应设置压力检查井。

（二）跌水井

第一，管道跌水水头为 1.0~2.0m 时宜设跌水井；跌水水头大于 2.0m 时应设跌水井。

管道转弯处不宜设跌水井。

第二，跌水井的进水管管径不大于 200mm 时，一次跌水水头高度不得大于 6m；管径为 300~600mm 时，一次跌水水头高度不宜大于 4m。跌水方式一般可采用竖管或矩形竖槽。管径大于 600mm 时，其一次跌水水头高度及跌水方式应按水力计算确定。

（三）水封井

第一，当工业废水能产生引起爆炸或火灾的气体时，其管道系统中必须设置水封井。水封井位置应设在产生上述废水的排出口处及其干管上每隔适当距离处。

第二，水封深度不应小于 0.25m，井上宜设通风设施，井底应设沉泥槽。

第三，水封井以及同一管道系统中的其他检查井均不应设在车行道和行人众多的地段，并应远离产生明火的场地。

（四）雨水

第一，雨水口的形式、数量和布置应按汇水面积所产生的流量、雨水口的泄水能力及道路形式确定。雨水口间距宜为 25~50m。连接管串联雨水口个数不宜超过 3 个。雨水口连接管长度不宜超过 25m。当道路纵坡大于 0.02 时，雨水口的间距可大于 50m，其形式、数量和布置应根据具体情况和计算确定。坡段较短时可在最低点处集中收水，其雨水口的数量或面积应适当增加。

第二，雨水口深度不宜大于 1m，并根据需要设置沉泥槽。遇特殊情况需要浅埋时，应采取加固措施。有冻胀影响地区的雨水口深度可根据当地经验确定。

（五）截流井

第一，截流井的位置应根据污水截流干管位置、合流管渠位置、溢流管下游水位高程和周围环境等因素确定。截流井宜采用槽式，也可采用堰式或槽堰结合式。管渠高程允许时，应选用槽式，当选用堰式或槽堰结合式时，堰高和堰长应进行水力计算。

第二，截流井溢流水位应在设计洪水位或受纳管道设计水位以上，当不能满足要求时，应设置闸门等防倒灌设施。截流井内宜设流量控制设施。

（六）出水口

第一，排水管渠出水口位置、形式和出口流速，应根据受纳水体的水质要求、水体的流量、水位变化幅度、水流方向、波浪状况、稀释自净能力、地形变迁和气候特征等因素确定。

第二，出水口应采取防冲刷、消能、加固等措施，并视需要设置标志。

第三，有冻胀影响地区的出水口应考虑采用耐冻胀材料，出水口的基础必须设在冰冻线以下。

（七）立体交叉道路排水

立体交叉道路排水应排除汇水区域的地面径流水和影响道路功能的地下水，其形式应根据当地规划、现场水文地质条件、立交形式等工程特点确定。

立体交叉道路排水的地面径流量计算应符合下列规定：

第一，设计重现期不小于3年，重要区域标准可适当提高，同一立体交叉工程的不同部位可采用不同的重现期；

第二，地面集水时间宜为5~10min；

第三，径流系数宜为0.8~1.0；

第四，汇水面积应合理确定，宜采用高水高排、低水低排互不连通的系统，并应有防止高水进入低水系统的可靠措施。

立体交叉地道排水应设独立的排水系统，其出水口必须可靠。当立体交叉地道工程的最低点位于地下水水位以下时应采取排水或控制地下水的措施。高架道路雨水口的间距宜为20~30m。每个雨水口单独用立管引至地面排水系统。雨水口的入口应设置格网。

（八）倒虹管

通过河道的倒虹管一般不宜少于两条；通过谷地、旱沟或小河的倒虹管可采用一条。通过障碍物的倒虹管还应符合与该障碍物相交的相关规定。倒虹管的设计应符合下列要求：

第一，最小管径宜为200mm；

第二，管内设计流速应大于0.9m/s，并应大于进水管内的流速，当管内设计流速不能满足上述要求时应增加定期冲洗措施，冲洗时流速不应小于1.2m/s；

第三，倒虹管的管顶距规划河底距离一般不宜小于1.0m，通过航运河道时，其位置和管顶距规划河底距离应与当地航运管理部门协商确定，并设置标志，遇冲刷河床应考虑防冲措施；

第四，倒虹管宜设置事故排出口。合流管道设倒虹管时应按旱流污水量校核流速。倒虹管进出水井的检修室净高宜高于2m。进出水井较深时，井内应设检修台，其宽度应满足检修要求；当倒虹管为复线时，井盖的中心宜设在各条管道的中心线上。倒虹管进出水井内应设闸槽或闸门，倒虹管进水井的前一检查井应设置沉泥槽。

（九）渠道

第一，在地形平坦地区、埋设深度或出水口深度受限制的地区，可采用渠道（明渠或盖板渠）排除雨水。盖板渠宜就地取材，构造宜方便维护，渠壁可与道路侧石联合砌筑。

第二，明渠和盖板渠的底宽不宜小于 0.3m。无铺砌的明渠边坡应根据不同的地质取值；用砖石或混凝土块铺砌的明渠可采用 1：0.75～1：1 的边坡。

第三，渠道和涵洞连接时，应符合下列要求：

①渠道接入涵洞时应考虑断面收缩、流速变化等因素造成明渠水面壅高的影响；

②涵洞断面应按渠道水面达到设计超高时的泄水量计算；

③涵洞两端应设挡土墙，并护坡和护底；

④涵洞宜做成方形，如为圆管时，管底可适当低于渠底，其降低部分不计入过水断面。

第四，渠道和管道连接处应设挡土墙等衔接设施。渠道接入管道处应设置格栅。

第五，明渠转弯处，其中心线的弯曲半径一般不宜小于设计水面宽度的 5 倍；盖板渠和铺砌明渠可采用不小于设计水面宽度的 2.5 倍。

七、泵站

（一）一般规定

第一，排水泵站宜按远期规模设计，水泵机组可按近期规模配置。

第二，排水泵站宜设计为单独的建筑物。

第三，抽送会产生易燃易爆和有毒有害气体的污水泵站必须设计为单独的建筑物，并应采取相应的防护措施。

第四，排水泵站的建筑物和附属设施宜采取防腐蚀措施。

第五，单独设置的泵站与居住房屋和公共建筑物的距离应满足规划、消防和环保部门的要求。泵站的地面建筑物造型应与周围环境协调，做到适用、经济、美观，泵站内应绿化。

第六，泵站室外地坪标高应按城镇防洪标准确定，并符合规划部门的要求；泵房室内地坪应比室外地坪高 0.2～0.3m；易受洪水淹没地区的泵站，其入口处设计地面标高应比设计洪水位高 0.5m 以上；当不能满足上述要求时，可在入口处设置闸槽等临时防洪措施。

第七，雨水泵站应采用自灌式泵站。污水泵站和合流污水泵站宜采用自灌式泵站。

第八，泵房宜有两个出入口，其中一个应能满足最大设备或部件的进出。

第九，排水泵站供电应按二级负荷设计，特别重要地区的泵站应按一级负荷设计。当不能满足上述要求时应设置备用动力设施。

第十，位于居民区和重要地段的污水、合流污水泵站应设置除臭装置。

第十一，自然通风条件差的地下式水泵间应设机械送排风综合系统。

第十二，经常有人管理的泵站内应设隔声值班室，并有通信设施。对远离居民点的泵站应根据需要适当设置工作人员的生活设施。

第十三，雨污分流不彻底、短时间难以改建的地区，雨水泵站可设置混接污水截流设施，并应采取措施排入污水处理系统。

（二）设计流量和设计扬程

第一，污水泵站的设计流量应按泵站进水总管的最高日、最高时流量计算确定。

第二，雨水泵站的设计流量应按泵站进水总管的设计流量计算确定。当立交道路设有盲沟时，其渗流水量应单独计算。

第三，合流污水泵站的设计流量应按下列公式计算确定：

①泵站后设污水截流装置时，按式（2-31）计算；

②泵站前设污水截流装置时，雨水部分和污水部分分别按式（2-35）和式（2-36）计算。

A. 雨水部分：

$$Q_p = Q_s - n_0 Q_{dr} \qquad (2-35)$$

B. 污水部分：

$$Q_p = (n_0 + 1) Q_{dr} \qquad (2-36)$$

式中　Q_p——泵站设计流量，m^3/s；

　　　Q_s——雨水设计流量，m^3/s；

　　　Q_{dr}——旱流污水设计流量，m^3/s；

　　　n_0——截流倍数。

第四，雨水泵的设计扬程应根据设计流量时的集水池水位与受纳水体平均水位差和水泵管路系统的水头损失确定。

第五，污水泵和合流污水泵的设计扬程应根据设计流量时的集水池水位与出水管渠水位差和水泵管路系统的水头损失以及安全水头确定。

（三）集水池

第一，集水池的容积应根据设计流量、水泵能力和水泵工作情况等因素确定。一般应符合下列要求。

①污水泵站集水池的容积不应小于最大一台水泵 5min 的出水量，如水泵机组为自动控制时，每小时开动水泵不得超过 6 次；

②雨水泵站集水池的容积不应小于最大一台水泵 30s 的出水量；

③合流污水泵站集水池的容积不应小于最大一台水泵 30s 的出水量；

④污泥泵房集水池的容积应按一次排入的污泥量和污泥泵抽送能力计算确定。活性污泥泵房集水池的容积应按排入的回流污泥量、剩余污泥量和污泥泵抽送能力计算确定。

第二，大型合流污水输送泵站集水池的面积应按管网系统中调压塔原理复核。

第三，流入集水池的污水和雨水均应通过格栅。

第四，雨水泵站和合流污水泵站集水池的设计最高水位应与进水管管顶相平。当设计进水管道为压力管时，集水池的设计最高水位可高于进水管管顶，但不得使管道上游地面冒水。

第五，污水泵站集水池的设计最高水位应按进水管充满度计算。

第六，集水池的设计最低水位应满足所选水泵吸水头的要求。自灌式泵房尚应满足水泵叶轮浸没深度的要求。

第七，泵房应采用正向进水，应考虑改善水泵吸水管的水力条件，减少滞流或涡流。

第八，泵站集水池前应设置闸门或闸槽；泵站宜设置事故排出口，污水泵站和合流污水泵站设置事故排出口应报有关部门批准。

第九，雨水进水管沉砂量较多地区宜在雨水泵站集水池前设置沉砂设施和清砂设备。

第十，集水池池底应设集水坑，倾向坑的坡度不宜小于 10%。

第十一，集水池应设冲洗装置，宜设清泥设施。

第三章　居住小区给水排水施工技术

第一节　居住小区给水施工技术

建设居住小区给水系统的任务是把符合水质要求的用水输送到小区各建筑用水器具（或设备）及小区需要用水的公共设施处，满足它们对水量、水压的要求，同时能保证用水系统的安全可靠和节水，并不受污染。

一、小区给水系统的分类和组成

（一）小区给水系统的分类（按用途划分）

1. 小区生活给水系统

满足小区居民饮用、盥洗、沐浴、洗涤、饮食等方面的用水。

2. 小区生产给水系统

用于小区锅炉、空调冷却、产品加工与洗涤等与生产有关的用水。

3. 小区消防给水系统

满足小区内的建筑内外的消防用水，如小区建筑内外消火栓、建筑内自动喷洒、水幕等的消防用水。

4. 其他给水系统

满足小区内各种公共设施，如水景、绿化、喷洒道路、冲洗车辆等方面的用水系统。

（二）小区给水系统的组成

上述各种给水系统均由水源、计量仪表、管道、设备等组成。

1. 给水水源

可供小区给水系统的水源有自备水源和城市给水管网水源两大类。

（1）自备水源

当小区远离城市给水管网水源，或小区靠近城市给水管网水源，但由于其水量有限时，应另采用自备水源水作为补充。自备水源可利用地表水源和地下水源。由于地表水源受到环境、气候、季节等影响，其水质不能直接用于生活用水，故要满足小区供水水质，则需进行处理。地下水源也会受到环境和地下矿物质等的影响，其水质亦可能不符合小区供水水质，同样，应视情况进行处理。

（2）城市给水管网水源

城市给水管网也可作为小区供水水源，该水质在正常建筑给水排水工程状况下已经达到国家饮用水水质标准，基本上能满足人们的用水水质要求。无特殊情况或特殊要求，不需再进行处理。所以小区内多采用城市给水管网的水作为水源。

2. 计量仪表

在城市供水系统中，因水的采取、处理、输送等过程需要各种物质费用和非物质费用，这些费用应由用户承担。计量仪表即完成用水的计量。

3. 管道系统

小区给水管道系统由接户管、小区支管、小区干管及阀门管件组成。接户管指布置在建筑物周围，直接与建筑物引入管相接的给水管道；小区支管指布置在居住组团内道路下与接户管相接的给水管道；小区干管指布置在小区道路或城市道路下与小区支管相接的给水管道。

4. 设备

小区给水设备系指贮水加压设备、水处理设备等。

（1）贮水设备

贮水设备常指贮水池、水塔、水箱等。

（2）加压设备

加压设备常指水泵和气压给水设备等。

（3）水处理设备

水处理设备用于净化自备水源或对城市给水管网水源作深度处理，以达到有关水质标准的设施。

（4）电气控制设备

电气控制设备常用于水泵、阀门等的运行控制。

二、小区给水水质、水量和水压

（一）水质

小区生活给水水质必须符合现行的《生活饮用水卫生标准》（GB 5749—2022）要求。

水景水质应符合相关要求。浇洒道路、绿地应符合现行行业标准的相关要求，其他用水应满足相应的水质标准。

（二）小区用水水量

1. 设计用水量的内容

居住小区的用水量一般包括：住宅居民生活用水量；公共建筑用水量；浇洒广场、道路和绿化用水量；冲洗汽车用水量；冷却塔、锅炉等的补水量；游泳池、水景娱乐设施用水量；消防用水量（消防用水量是非正常用水量，仅用于管网校核计算）；管网漏失和未预见水量。

当小区内有市政公用设施，其用水量应由管理部门提供，当无重大市政公用设施时不另计用水量。若设计范围内有工厂时，则还应包括生产用水和管理、生产人员的用水。

2. 设计用水量的计算

（1）最高日用水量

居住小区内最高日用水量按式 3-1 计算：

$$Q_{d} = (1 + b)\Sigma Q_{di} \tag{3-1}$$

式中　Q_d——小区最高日用水量，m^3/d；

　　　Q_{di}——小区内各项设计用水最高日用水量，m^3/d；

　　　b——考虑管网流失和未预见水量的系数，取 0.1~0.15。

（2）小区各类用水的最高日用水量可按下列方法计算

①住宅居民最高日用水量按式 3-2 计算

$$Q_{d1} = \Sigma \frac{q_1 i N_i}{1000} \tag{3-2}$$

式中　Q_{d1}——小区内各类住宅的最高日用水量，m^3/d；

　　　q_{1i}——住宅最高日生活用水定额，$L/（人·d）$，用水定额的使用时间为 24h。表中用水定额为全部用水量，当采用分质供水时，有直饮水系统的，应扣除直饮用水定额；有杂用水系统的，应扣除杂用水定额；

　　　N_i——各类住宅居民人数，人。

②公共建筑最高日用水量按式 3-3 计算

$$Q_{d2} = \Sigma \frac{q_{2i} m_i}{1000} \tag{3-3}$$

式中　Q_{d2}——小区内各公共建筑最高日用水量，m^3/d；

　　　m_i——计算单位，人（或床、m^2 等）；

q_{2i}——单位最高日用水定额，L／（人·d），L／（床·d），L／（m²·d）等。

③浇洒道路和绿化用水按式 3-4 计算

$$Q_{d3} = \sum \frac{q_{3i}F_i}{1000} \tag{3-4}$$

式中　Q_{d3}——浇洒道路和绿化的用水量，m³／d；

　　　q_{3i}——浇洒道路或绿化的用水量标准，L／（m²·次），可按一般绿化用水 1.0～3.0L／（m²·d）计；干旱地区可酌情增加。道路广场浇洒按 2～3L／（m²·d）计；

　　　F_i——浇洒道路或者绿化的面积，m²。

④汽车冲洗的用水量按式 3-5 计算

$$Q_{d4} = \sum \frac{q_{4i} \cdot m_{4i} \cdot n_4}{1000} \tag{3-5}$$

式中　Q_{d4}——汽车冲洗的用水量，m³／d；

　　　q_{4i}——各种汽车冲洗用水定额，L／（辆·次）；

　　　m_{4i}——各种汽车每日冲洗汽车的数量，辆／d；

　　　n_4——冲洗次数，一般按 1 天 1 次计。

此外，还应考虑水景补充水量、游泳池补充水量、冷却塔补充水量和其他生产补充水量等。

用上述公式计算最高日用水时，应注意下列几点。

第一，只有同时使用的项目才能叠加。对于不是每日都用水的项目，若不可能同时用水的则不应叠加，如大会堂（办公、会场、宴会厅等组合）等，应分别按不同建筑的用水标准，计算各自最高日生活用水量，然后将一天内可能同时用水者叠加，取最大一组用水量作为整个建筑的最高日用水量。

第二，在计算建筑物（住宅、公共建筑）最高日用水量时，若建筑物中还包括绿化、冷却塔、游泳池、水景、锅炉房、道路、汽车冲洗等用水时，则应加上这部分用水量。

第三，一幢建筑有多种功能时，如食堂兼作礼堂、剧院兼作电影院等，应按用水量最大的情况计算。

第四，一幢建筑物有多种卫生器具，如部分住宅有热水供应，集体宿舍、旅馆中部分设公共厕所，部分设卫生间，则应分别按不同标准的用水定额和服务人数，计算各部分的最高日生活用水量，然后叠加求得整个建筑的最高日生活用水量。

第五，一幢建筑的某部分兼为其他人员服务时，如在集体宿舍内设有公共浴室，而浴室还供外来人员使用，则其用水量应按全部服务对象计算。

第六，在选用用水定额时，应注意其用水范围。当实际用水超出或少于该范围时则应作调整。如中小学内设食堂，应增加食堂用水量；医院、旅馆设洗衣房时，应增加洗衣房用水量。

3. 各类用水项目的平均小时用水量按式 3-6 计算

$$Q_{cp} = \frac{Q_{di}}{T_i} \tag{3-6}$$

式中　　Q_{cp}——平均小时用量，m^3/h；

　　　　Q_{di}——各类用水项目的最高日用水量，m^3/d；

　　　　T_i——使用时段时间，h（使用时段不同的用水项目，应采用对应的使用时间）。

管网漏失水量和未预见水量之和可按最高日用水量的 10%～15% 计算。

4. 小区平均小时用水量

将计算得出的各项平均小时用水量叠加（并包括 Q、L、W），即可得出小区的平均小时用水量，但对于非 24h 用水的项目，若用水时段完全错开，可只计入其中最大的一项用水量。

5. 各类用水项目的最大小时用水量按式 3-7 计算

$$Q_{max} = \frac{Q_{di}}{T_i} \times K_{hi} \tag{3-7}$$

式中　　Q_{max}——最大小时用水量，m^3/h；

　　　　K_{hi}——小时变化系数，不同的用水项目应采用相应的 K_h。

6. 小区最大小时用水量

计算出各项用水的最大每小时用水量后，一般可叠加计算出小区的最大小时用水量，但应考虑各用水项目的最大用水时段是否一致。一般情况下，小区内的住宅、公共建筑按最大小时用水量计入；浇洒道路、绿化、冲洗、冷却塔补水按平均小时流量计入；游泳池、水景用水量视充水、补水情况定；锅炉补水按相关专业要求确定；管网漏失量和未预见水量应当计入；对于非 24h 用水的项目，若用水时段完全错开，可只计入其中最大的一项用水量。

7. 居住小区室外消防用水量

火灾次数一般按 1 次计，火灾延续时间按 2h 计。如果小区内有高层住宅，普通住宅楼的室外消防用水量按 15L/s 计算。

（三）水压

第一，小区生活饮用水管网的供水压力应根据建筑层数和管网阻力损失计算确定。

第二，小区消防供水压力，如为低压消防给水系统，则按灭火时不小于 0.1MPa 计算（从地面算起）；如为高压消防给水系统，应经计算后确定。

三、给水方式与选择

小区给水方式与建筑物内给水方式一样，只是包含的内容不尽相同。

（一）利用外网直接给水方式

第一，外网给水压力能满足室内水压的建筑采用直接给水方式。

第二，单设屋顶水箱的给水方式。

（二）设有增压与贮水设备的给水方式

城市管网压力不能满足小区水压要求时，应采用增压给水方式。增压给水方式又分为集中加压方式和分散加压方式，常见的方式有：

第一，水池—水泵—水塔

第二，水池—水泵

第三，水池—水泵—水箱

第四，管道泵直接抽水—水箱（水泵从管网抽水时，管道中流量要充足，并经当地供水部门同意）

第五，水池—气压给水装置

第六，水池—变频调速给水装置

（三）分质给水方式

第一，在严重缺水的地区采用的小区中水系统与生活饮用水的分质给水方式。

第二，在无合格水源的地区或对饮用水质有特殊要求的，采用优质深井水、深度处理水或大量洗涤等其他用水的分质给水方式。

（四）分压供水方式

在高层、多层建筑混合的居住小区应采用分压给水系统，其中高层建筑部分给水系统应根据高层建筑的数量、分布、高度、性质、管理和安全等情况，经技术经济比较后确定采用分散、分片集中或集中调蓄增压给水方式。

分散调蓄增压，是指高层建筑只有一幢或幢数不多，且各幢供水压力要求差异较大，每一幢建筑单独设置水池和水泵的增压给水方式。

分片集中调蓄增压，是指小区内相近的若干幢高层建筑分片共用一套水池和水泵的增加给水方式。

集中调蓄增压，是指小区内的全部高层建筑共用一套水池和水泵的增压给水方式。

小区给水方式选择时，应充分利用城镇给水管网的水压，优先采用直接给水方式。在采用增压给水方式时，城镇给水管网水压能满足的楼层仍可采用直接给水方式。各种给水方式，都有其优缺点。即使同一种方式用在不同地区或不同规模的居住小区中，其优缺点也往往会发生转化。小区综合给水方式的选择，应根据城镇供水条件、小区规模和用水要求、技术经济比较、社会和环境效益等综合评价确定。

四、给水管道的管材、配件、布置及敷设

（一）管材及主要配件

给水管管材应根据水压、水质、外部荷载、土壤性质、施工维护和材料供应等条件确定。给水系统采用的管材和管件，应符合国家现行有关产品标准的要求。管材和管件的工作压力不得大于产品标准公称压力或标称的允许工作压力。小区室外埋地给水管道采用的管材，应具有耐腐蚀和能承受相应地面荷载的能力。可采用塑料给水管、有衬里的铸铁给水管、经可靠防腐处理的钢管。管内壁的防腐材料，应符合现行的国家有关卫生标准的要求。室内的给水管道，应选用耐腐蚀和安装连接方便可靠的管材，可采用塑料给水管、塑料和金属复合管、铜管、不锈钢管及经可靠防腐处理的钢管。

小区给水管道在下列部位应设阀门。小区给水管道从城镇给水管道的引入管管段上、小区室外环状管网的节点处，应按分隔要求设置；环状管段过长时，宜设置分段阀门；从小区给水干管上接出的支管起端或接户管起端，阀门应设在阀门井内。在寒冷地区的阀门井应采取保温防冻措施。在人行道、绿化地的阀门可采用阀门套筒。

在城镇消火栓保护不到的建筑区域，应设室外消火栓，设置数量和间距应按相关规定执行。居住小区公共绿地和道路需要洒水时，可设洒水柱。洒水柱的间距不宜大于80m。如用旋转喷头，应根据绿地实际情况确定。

小区给水管道在下列部位应设阀门。小区干管从城镇给水管道接出处、小区支管从小区干管接出处、接户管从小区支管接出处、环状管网需调节和检修处，阀门应设在阀门井内。在寒冷地区的阀门井应采取保温防冻措施。在人行道、绿化地的阀门可采用阀门套筒。

在城镇消火栓保护不到的建筑区域应设室外消火栓。消火栓设置间距不应大于120m，距路边不大于2m，距房屋外墙不小于5m。其位置应设在交叉路口和明显处，便于使用且

不妨碍交通。地上式消火栓和地下式消火栓的选定应根据气候条件确定。寒冷地区一般选用直通式地下式消火栓。

(二) 给水管道的布置与敷设

居住小区给水管道的布置应包括整个居住小区的给水干管以及居住组团内的小区支管及接户管。定线原则是，首先按小区的干道布置给水干管网，然后在居住组团布置小区支管及接户管。

小区给水干管的布置可以参照城市给水管网的要求和形式。布置时应注意管网要遍布整个小区，保证每个居住组团都有合适的接水点。为了保证供水安全可靠，小区引入管应不少于2条，小区干管应布置成环状或与城镇给水管道连成环网。

小区支管和接户管的布置，通常采用枝状网，要求小区支管的总长度应尽量短。对于高层居住组团及用水要求高的组团宜采用环状布置，从不同侧的两条小区干管上接小区支管及接户管，以保证供水安全和满足消防要求。

给水管道宜与道路中心或与主要建筑物的周边呈平行敷设，并尽量减少与其他管道的交叉。给水管道与建筑物基础的水平净距，管径为 DN100~DN150 时，不宜小于 1.5m；管径为 DN50~DN75 时，不宜小于 1.0m。

给水管道与其他管道平行或交叉敷设时的净距，应根据管道的类型、埋深、施工检修的相互影响、管道上附属构筑物的大小和当地有关规定等条件确定。

生活给水管道与污水管道交叉时，给水管应敷设在污水管上面，且不应有接口重叠；当给水管道敷设在污水管下面时，给水管的接口离污水管的水平净距不宜小于1m。

给水管道的埋设深度应根据冰冻深度、地面荷载、管材强度以及与其他管道交叉等因素确定。金属管道管顶覆土厚度不宜小于 0.7m。为保证非金属管道不被外部荷载破坏，管顶覆土厚度不宜小于 1.0~1.2m。布置在居住组团内的给水支管和接户管如无较大的外部动荷载时，管顶覆土厚度可减少。对硬聚氯乙烯管管径，$D_e \leqslant 50mm$ 时，管顶最小覆土厚度为 0.5m；管径 $D_e > 50mm$ 时，管顶最小覆土厚度为 0.7m。

在冰冻地区尚需考虑土层的冰冻影响，小区内给水管径 DN≥300mm 时，管底埋深应在冰冻线以下 (DN+200)。

因为居住小区内管线较多，特别是居住组团内敷设在建筑物之间和建筑物山墙之间的管线很多，除给水管外，还有污水管、雨水管、燃气管、热力管沟等，故在组团内布置给水支管和接户管时应注意和其他管线的综合协调。

各种管道平面布置及标高设计在相互发生冲突时，应按小直径管道让大直径管道；可弯管道让不能弯管道；新设管道让已建管道；临时性管道让永久性管道；有压管道让无压管道。

五、设计流量和管道的水力计算

（一）给水管网水力计算类型

居住小区给水管网的水力计算可以分为两种类型：一类是小区给水管网的设计计算，目的是确定各管段的管径，并根据控制点的最低工作压力，结合管网的水头损失来确定水泵的扬程和水塔的高度；另一类则是管网的复核计算，目的是在已知水泵的扬程和水塔的高度或接水点的自用水头的情况下选择和确定管网各管段的管径，再校核能否满足管网的各种使用要求。

（二）居住小区的室外给水管道的设计流量确定

1. 小区内建筑物的给水引入管的设计流量应符合以下要求：

（1）全由室外管网直接供水时，应取建筑物内的设计秒流量；

（2）当建筑物内的生活用水全部自行加压时，为贮水池调节池的设计补水量，设计补水量不宜大于建筑物最高日最大时，且不得小于建筑物最高日平均用水量；

（3）当建筑物内的生活用水既有室外管网直接供水，又有自行加压供水时，按（1）、（2）的要求计算设计秒流量后，将两者叠加作为设计流量。

2. 小区室外给水管道的设计流量应根据管段服务人数、用水定额及卫生器具设置标准等因素确定，并符合下列规定。

（1）服务人数小于等于表 3-1 中数值的室外给水管段，住宅按设计秒流量计算管段流量，居住小区内配套的文体、餐饮、娱乐、商铺及市场等设施按相应建筑的设计秒流量计算节点流量。

表 3-1　居住小区室外给水管道设计流量计算人数

每户 q_1，K_h	3	4	5	6	7	8	9	10
350	10200	9600	8900	8200	7600			
400	9100	8700	8100	7600	7100	6650		
450	8200	7900	7500	7100	6650	6520	5900	
500	7400	7200	6900	6600	6250	5900	5600	5350
550	6700	6700	6400	6200	5900	5600	5350	5100
600	6100	6100	6000	5800	5550	5300	5050	4850
650	5600	5700	5600	5400	5250	5000	4800	4650
700	5200	5300	5200	5100	4950	4800	4600	4450

（2）服务人数大于表 3-1 中数值的给水干管，住宅按最大时用水量作为管段流量；居住小区配套的文体、餐饮娱乐、商铺及市场等设施的生活给水设计流量，应按相应建筑的最大时用水量为节点流量。

（3）居住小区配套的文教、医疗保健、社会管理设施以及绿化和景观用水道路、广场洒水、公共设施用水等，均以平均时用水量计算节点流量。

（三）小区的给水引入管设计应符合下列要求

1. 小区给水引入管设计流量应按小区室外给水管道设计流量的规定计算。

2. 不少于两条引入管的小区室外环状给水管网，当其中一条发生故障时，其余的引入管应能保证不小于 70%的流量。

3. 当小区室外给水管网为枝状布置时，小区引入管的管径不应小于室外给水干管的管径。

4. 小区环状管道宜管径相同。

居住小区的室外生活、消费合用给水管道应按上述要求计算设计流量（淋浴用水量按 15%计算，绿化、道路及广场浇洒用水可不计算在内）后，再叠压区内一次火灾的最大消费流量（有消费贮水池和专业消防管道供水的部分应除外），并应对管道进行水力计算校核，管道末梢的室外消防栓从地面算起的水压，不得低于 0.1MPa。

（四）小区管网的水力计算

小区管网设计管段计算流量确定后，可按照城镇室外给水干管网的计算方法和步骤确定各设计管段的管径；根据各管段的管径、管长、设计流量计算出各管段的水头损失；选定管网的控制点并确定控制点的最低工作压力，从而推求出加压泵站的扬程和水塔的高度。

六、小区给水加压泵站

当城市给水管网供水不能满足居住小区用水需要时，小区需设二次加压泵站、水塔等设施。

（一）小区给水加压泵站概述

1. 加压泵站的构造和类型

小区内给水加压泵站的构造和一般城镇给水加压泵站相似，不过一般规模较小，加压泵站的位置、设计流量和扬程与小区给水管网密切配合。加压泵站一般由泵房、蓄水池、水塔和附属构筑物组成。

小区给水加压泵站按其功能可以分为给水加压泵站和给水调蓄加压泵站。给水加压泵站从城镇给水管网直接抽水或从吸水井中抽水直接供给小区用户；给水调蓄加压泵站应布置蓄水池和水塔，除具有加压作用外，还有流量调蓄的作用。

小区给水加压泵站按加压技术可以分为设有水塔的加压泵站、气压给水加压泵站、变频调速给水加压泵站及叠压供水装置。后三种加压泵站可不设水塔或水箱。

2. 加压泵站的设计流量与扬程的确定

居住小区内给水加压泵站的设计流量应和给水管网设计流量相协调。小区给水系统有水塔或水箱时，水泵出水量按最大时流量确定；当小区无水塔或水箱时，水泵出水量按给水系统的设计流量确定。水泵扬程应满足最不利于配水点所需水压；水泵的选择、水泵机组的布置及水泵房的设计要求，均按有关规定和产品厂家的要求执行。

加压泵站如果有消防给水任务，加压泵站的设计流量应为生活给水计算设计流量与小区内一次火灾的最大消防给水流量之和，并应对管道进行水力计算校核，管道末梢的室外消火栓从地面算起的水压不得低于 0.1MPa。

3. 加压泵站位置的选择

小区独立设置的水泵房位置选择宜靠近用水大户。水泵机组的运行噪声应符合国家标准的相关要求。

民用建筑物内设置的生活给水泵房不应毗邻居住建筑用房或其上层或下层，水泵机组宜设在水池的侧面、下方，其运行噪声应符合现行国家标准《民用建筑隔声设计规范》（GB 50118）的要求。

（二）泵房

小区独立加压站的泵房类型和城镇加压泵房相似，有圆形、矩形、地面式、半地下式、地下式、自灌式、非自灌式等类型。一般小区内选择半地下式、矩形、自灌式泵房。

小区内泵房的组成包括水泵机组、动力设备、吸水和压水管路以及附属设备等。

泵房内的布置要求可参照室外给水加压泵房的布置，组团内小型泵房参照室内加压泵房的布置。

（三）水池

居住小区加压泵站的贮水池有效容积应根据小区生活用水量的调蓄贮水量和消防贮水量确定，其中生活用水的调蓄贮水量，应按流入量和供出量的变化曲线经计算确定，材料不足时可按居住小区的最高日用水量的 15%～20%确定。

水池的有效容积，应根据居住小区生活用水的调蓄贮水量、安全贮水量和消防贮水量确定。

$$V = V_1 + V_2 \qquad (3-8)$$

式中 V——水池的有效容积，m^3；

V_1——生活用水调蓄贮水量，m^3，按城镇给水管网的供水能力、小区用水曲线和加压站水泵运行规律计算确定，如果缺乏资料时，可按居住小区最高日用水量的 15%~20% 确定；

V_2——安全贮水量，m^3，要求最低水位不能见底，应留有一定水深的安全量，并保证市政管网发生事故的贮水量，一般按 2h 用水量计算（重要建筑按最大时用水量计，一般建筑按平均时用水量计，其中淋浴用水量按 15% 计算）。

消防贮水量和贮水池，应按现行防火规范设计计算。

贮水池宜分成容积基本相等的两格（或两个），两格间设连通管，并按单独工作要求布置管道和阀门。

（四）水塔和高位水箱（池）

水塔和高位水箱（池）的位置应根据总体设置，选择在靠近用水中心、地质条件较好、地形较高和便于管理之处。其容积可按式 3-9 计算：

$$V = V_d + V_x \qquad (3-9)$$

式中 V——水塔容积，m^3；

V_d——生活用水调节贮水量，m^3。可根据小区用水曲线和加压站水泵运行规律计算确定，如果缺乏资料可按最高日用水量的 15%~20% 计算；

V_x——消防贮水量，m^3，按现行防火规范计算。

七、小区生活热水热负荷的计算

1. 热力网支线及用户热力站设计时，生活热水热负荷，应采用经核实的建筑物设计热负荷。

2. 没有建筑物设计热负荷资料时，或热力网初步设计阶段，生活热水热负荷可按式 3-10 计算

$$Q_{max} = KQ_{man} \qquad (3-10)$$

式中 Q_{max}——设计小时耗热量，W；

Q_{man}——平均小时耗热量，W；

K ——小时不均匀系数，一般取 $K = 2~3$。

3. 计算热力网热负荷时，生活热水热负荷的计算。

干线采用采暖期生活热水平均小时耗热量。

支线热负荷按三种情况取用：当用户采用容积式水加热器或快速水加热加贮热水箱供热水时，支线按采暖期生活热水平均小时耗热量计算；当用户采用半容积式水加热器供热水时，支线按采暖期生活热水设计小时耗热量计算；当用户采用半即热式、快速式水加热器供热水时，支线按采暖期生活热水设计秒流量耗热量计算。

第二节　居住小区排水施工技术

小区排水系统的主要任务是接收小区内各建筑内外用水设备产生的污废水及小区屋面、地面雨水，并经相应的处理后排至城镇排水系统或水体。

一、排水体制

居住小区排水体制的选择，应根据城镇排水体制、环境保护要求等因素进行综合比较，确定采用分流制或是合流制。

居住小区内的分流制是指生活污水管道和雨水管道分别采用不同管道系统的排水方式；合流制是指同一管渠内接纳生活污水和雨水的排水方式。

分流制排水系统中，雨水由雨水管渠系统收集就近排入水体或城镇雨水管渠系统；污水则由污水管道系统收集，输送到城镇或小区污水处理厂进行处理后排放。根据环境保护的要求，新建居住小区应采用分流制系统。

居住小区内排水需要进行中水回用时，应设分质、分流排水系统，即粪便污水和生活废水（杂排水）分流，以便将杂排水收集作为中水原水。

二、排水系统的组成

第一，管道系统。包括集流小区的各种污废水和雨水管道及管道系统上的附属构筑物。管道包括接户管、小区支管、小区干管；管道系统上的附属构筑物种类较多，主要包括：检查井、雨水口、溢流井、跌水井等。

第二，污废水处理设备构筑物。居住区排水系统污废水处理构筑物有：在与城镇排水连接处有化粪池，在食堂排出管处有隔油池，在锅炉排污管处有降温池等简单处理的构筑物。若污水回用，根据水质采用相应中水处理设备及构筑物等。

第三，排水泵站，如果小区地势低洼，排水困难，应视具体情况设置排水泵站。

三、排水管道的布置与敷设

排水管道布置应根据小区总体规划、道路和建筑的布置、地形标高、污水雨水流向等按管线短、埋深小、尽量自流排出的原则确定。

（一）污水管道的布置与敷设

排水管道宜沿道路和建筑物的周边呈平行布置，路线最短，减少转弯，并尽量减少相互间及与其他管线、河流及铁路间的交叉。检查井间的管段应为直线；管道与铁路、道路交叉时，应尽量垂直于路的中心线；干管应靠近主要排水建筑物，并布置在连接支管较多的一侧；管道应尽量布置在道路外侧的人行道或草地的下面。不允许平行布置在铁路的下面和乔木的下面；应尽量远离生活饮用水给水管道。

小区内污水管道布置的程序一般按干管、支管、接户管的顺序进行，布置干管时应考虑支管接入位置，布置支管时应考虑接户管的接入位置。

敷设污水管道，要注意在安装和检修管道时不应互相影响；管道损坏时管内污水不得冲刷或侵蚀建筑物以及构筑物的基础和污染生活饮用水管道；管道不得因机械振动而被破坏，也不得因气温低而使管内水流结冰；污水管道及合流制管道与生活给水管道交叉时应敷设在给水管道下面。

污水管材应根据污水性质、成分、温度、地下水侵蚀性，外部荷载、土壤情况和施工条件等因素，因地制宜就地取材。一般情况下，重力流排水管宜选用埋地塑料管、混凝土或钢筋混凝土管；排至小区污水处理装置的排水管宜采用塑料排水管；穿越管沟、河道等特殊地段或承压的管段可采用钢管或球墨铸铁管，若采用塑料管应外加金属套管（套管直径较塑料管外径大200mm）当排水温度高于40℃时应采用金属排水管；输送腐蚀性污水的管道可采用塑料管。

居住小区的污水管与室内排出管连接处、管道交汇处、转弯、跌水、管径或坡度改变处以及直线管段上一定距离应设检查井。小区内的生活排水管管径小于等于150mm时，检查井间距不宜大于20m；管径大于等于200mm时，检查井间距不宜大于30m。

（二）小区雨水管道系统的布置

雨水管渠系统设计的基本要求是通畅、及时地排走居住小区内的暴雨径流量。根据城市规划要求，在平面布置上尽量利用自然地形坡度，以最短的距离靠重力流排入水体或城镇雨水管道。雨水管道应平行道路敷设并布置在人行道或花草地带下，以免积水时影响交通或维修管道时破坏路面。

雨水口是收集地面雨水的构筑物，小区内雨水不能及时排除或低洼处形成积水往往是由于雨水口的布置不当造成的。小区内雨水口的布置一般根据地形、建筑物位置，沿道路布置。在道路交汇处和路面最低点、建筑物单元出入口与道路交界处、建筑物雨水落管附近、小区空地和绿地的低洼处和地下坡道入口处设置雨水口。雨水口沿街道布置间距一般为 20~40m，雨水口连接管长度不超过 25m，每根连接管上最多连接两个雨水口。

小区雨水排水系统可选用埋地塑料管、混凝土管或钢筋混凝土管、铸铁管。居住小区内雨水管道设置检查井的位置在管道交汇处、转弯、跌水、管径或坡度改变处以及直线管段上一定距离处。

四、排水管道的水力计算

（一）污水管道的水力计算分析

1. 污水设计排水量

居住小区生活排水系统的排水定额是其相应的生活给水系统的用水定额的 85%~95%，居住小区生活排水系统的小时变化系数与相应的生活给水系统的小时变化系数相同。

公共建筑生活排水系统的排水定额和小时变化系数与其相应的生活给水系统的生活用水定额和小时变化系统相同。

居住小区内生活排水的设计流量应按住宅生活排水最大小时流量和公共建筑生活排水最大小时流量之和确定。

2. 污水管道的水力计算

（1）小区污水管道水力计算的目的及方法步骤

管道水力计算的目的在于经济合理地选择管道断面尺寸、坡度和埋深，并校核小区的污水能否重力自流排入城镇污水管道，否则应提出提升泵站位置和扬程的要求。

污水管道是按非满流设计，对于圆管而言，水力计算也就是要确定各设计管段的管径（D）、设计充满度（h/D）、设计坡度（i）和管段的埋深（H），并作校核计算。

关于水力计算的公式、方法和步骤可参照城镇室外污水管道水力计算方法进行。即在污水管道平面布置、划分设计管段和求得比流量的基础上列出管道设计流量计算表，计算得出各管段的设计流量；再通过统计各管段的长度，列出管道的水力计算表，根据小区污水管道水力计算设计数据规定，通过查阅水力计算图表即可确定设计管段的各项设计参数和进行校核计算。

（2）小区污水管道水力计算的设计数据

①设计充满度。在设计流量下，污水在管道中的水深和管道直径的比值称为设计充满度（或水深比）。当 $h/D = 1$ 时称为满流；当 $h/D < 1$ 时称为非满流。污水管道应按非满流计算，其最大充满度按相关规定确定。

②设计流速。与设计流量、设计充满度相应的水流平均流速叫作设计流速；保证管道内不致发生淤积的流速叫作最小允许流速（或叫作自清流速）；保证管道不被冲刷损坏的流速叫作最大允许流速。金属管最大流速为 10m/s；非金属管最大流速为 5m/s；污水管道在设计充满度下其最小设计流速为 0.6m/s。

③最小设计坡度和最小管径。相应于最小设计流速的坡度叫最小设计坡度，即保证管道不发生淤积时的坡度。最小设计坡度不仅和流速有关，而且还与水力半径有关。

最小管径是从运行管理的角度考虑提出的。因为管径过小容易堵塞，小口径管道清通又困难，为了养护管理方便，做出了最小管径的规定。如果按设计流量计算得出的管径小于最小管径，则采用最小管径的管道。

从管道内的水力性能分析，在小流量时增大管径并不有利。相同流量时，增大管径使流速减小，充满度降低，故最小管径规定应合适。根据上海等地的运行经验表明：服务人口 250 人（70 户）之内的污水管采用 150mm 的管径，按 0.004 坡度敷设，堵塞概率反而增加。故小区污水管道接户管的最小管径应为 150mm，相应的最小坡度为 0.007。居住小区内排水管道的最小管径和最小设计坡度按表 6-5 选用。

④污水管道的埋设深度的意义

覆土厚度指管道外壁顶部到地面的垂直距离；

埋设深度指管道内壁底部到地面的深度。

为了降低造价，缩短施工工期，管道埋设深度越小越好。但是覆土厚度应该有一个最小的限值，否则就不能满足技术上的要求。这个最小限值称为最小覆土厚度。

小区污水干管和小区组团道路下的管道，其覆土深度不宜小于 0.7m，生活污水接户管埋设深度不得高于土壤冰冻线以上 0.15m，且覆土深度不宜小于 0.3m。但当采用埋地塑料管时，排出管埋设深度可不高于土壤冰冻线以上 0.50m。

（二）雨水量计算

屋面雨水排水系统雨水量的大小是根据当地暴雨强度、汇水面积及屋面雨水径流系数进行计算，作为屋面雨水排水系统设计计算的依据。

屋面雨水设计流量按式 3-11 计算：

$$q_y = \frac{q_j \psi F_w}{10000} \tag{3-11}$$

式中　q_y——设计雨水流量，L/s；

　　　q_j——设计暴雨强度，按当地或相邻地区暴雨强度公式，取降雨历时 5min，一般性建筑物屋面雨水排水取设计重现期 2~5a，重要公共建筑屋面雨水排水取设计重现期 ≥10a，工业厂房屋面雨水排水设计重现期应根据生产工艺、重要程度等因素确定，所计算的设计降雨强度，当采用天沟集水且沟檐溢水会流入室内时，设计暴雨强度应乘以 1.5 的系数，L/（s·hm²）；

　　　ψ——屋面雨水径流系数，取 0.9~1.0；

　　　F_w——汇水面积，按屋面水平投影面积计算，高出屋面的毗邻侧墙，应附加其最大受雨面正投影的一半作为有效汇水面积计算，窗井、贴近高层建筑外墙的地下汽车库出入口坡道和高层建筑裙房屋面的雨水面积，应附加其高出部分侧墙面的 $\frac{1}{2}$，m²。

（三）雨水管道的水力计算

1. 雨水设计排水量

居住小区内的雨水设计流量与屋面雨水排水设计流量计算公式相同（式 3-11）。小区内各种地面径流系数按相关规定采用，小区内平均径流系数应按各种地面的面积加权平均计算确定。如果资料不足，可根据建筑密度情况确定小区综合径流系数，其值为 0.5~0.8，北方干旱地区的小区径流系数可取 0.3~0.6。建筑稠密取上限，建筑稀疏取下限。

在计算设计降雨强度（q）时，当地暴雨强度计算公式中的设计重现期（p）和降雨历时（t）可按下列原则确定。

第一，雨水管渠的设计重现期，应根据地形特点、小区建设标准和气象特点等因素确定，小区宜大于 1~3 年，短期积水即能引起较严重后果的地点，选用 2~5 年。

第二，雨水管渠设计降雨历时，按式 3-12 计算：

$$t = t_1 + m t_2 \tag{3-12}$$

式中　t——降雨历时，min；

　　　t_1——地面集水时间，min，与距离长短、地形坡度、地面覆盖情况有关，一般选用 5~10min；

　　　m——折减系数，小区支管和接户管取 $m=1$；小区干管为暗管时取 $m=2$，为明渠时取 $m=1.2$；

　　　t_2——管内雨水流行时间，min。

居住小区合流制管道的设计流量为生活污水量和雨水量之和。生活污水量取设计生活污水量（L/s）；雨水量计算时重现期宜高于同一情况下分流制的雨水管道设计重现期。因为降雨时合流制管道内同时排除生活污水和雨水，且管内常有晴天时沉积的污泥，如果溢出会对环境影响较大，故雨水流量计算时应适当提高设计重现期。

2. 雨水管渠水力计算

（1）雨水管渠水力计算的目的及方法步骤

雨水管渠水力计算的目的是确定各雨水设计管段的管径（D）、设计坡度（i）和各管段的埋深（H），并校核小区雨水能否重力自流排入城镇雨水管渠或水体，否则应提出提升泵站的位置和扬程的要求。

小区雨水管渠的水力计算公式、方法和步骤与城镇室外雨水管渠水力计算相同。在雨水管渠平面布置、划分设计管段的基础上，统计各管段汇水面积，并列出雨水管渠水力计算表，根据小区雨水管渠水力计算设计数据规定，查阅满流水力计算图表即可确定各项设计参数值，并进行校核计算。

（2）雨水管渠水力计算的设计数据

第一，设计充满度。雨水中主要含有泥砂等无机物质，不同于污水的性质，并且暴雨径流量大，相应设计重现期的暴雨强度的降雨历时不会很长，故管道设计充满度按满流计算，即 $h/D = 1$。

第二，设计流速。为避免雨水所挟带泥沙沉积和堵塞管道，要求满流时管内最小流速大于或等于 0.75m/s，明渠内最小流速应大于或等于 0.40m/s。

第三，最小设计坡度和最小管径。

五、小区排水提升和污水处理

（一）小区排水提升

居住小区排水依靠重力自流排除有困难时应及时考虑排水提升措施。设置排水泵房时尽量单独建造，并且距居住建筑和公共建筑 25m 左右，以免污水、污物、臭气、噪声等对环境产生影响，并应有卫生防护隔离带。泵房设计应按相关规定执行，排水泵房的设计流量与排水进水管的设计流量相同。污水泵房机组的设计流量按最大小时流量计算，雨水泵房机组的设计流量按雨水管道的最大进水流量计算。水泵扬程根据污、雨水提升高度和管道水头损失及自由水头计算决定。自由水头一般采用 1.0m。

污水泵尽量选用立式污水泵、潜水污水泵，雨水泵则应尽量选用轴流式水泵。雨水泵不得少于两台，以满足雨水流量变化时可开启不同台数进行工作的要求，同时可不考虑备用泵。污水泵的备用泵数量根据重要性、工作泵台数及型号等确定，但不得少于一台。

污水集水池的有效容积，根据污水量、水泵性能及工作情况确定。其容积一般不小于泵房内最大一台泵 5min 的出水量，水泵机组为自动控制时，每小时开启水泵次数不超过 6 次。集水池有效水深一般为 1.5~2.0m（以水池进水管设计水位至水池吸水坑上缘计）。

雨水集水池容积不考虑调节作用，按泵房中安装的最大一台雨水泵 30s 的出水量计算，集水池的设计最高水位一般以泵房雨水管道的水位标高计。

（二）小区污水排放和污水处理

1. 小区污水排放

居住小区内的污水排放应符合现行《污水综合排放标准》（GB 8978）的要求。

一般居住小区内污水都是生活污水，符合排入城市下水道的水质要求，小区污水应就近排至城镇污水管道。如果小区内有公共建筑的污水水质指标达不到排入城市下水道水质标准时（如医院污水的细菌指标、饮食行业的油脂指标等），则必须进行局部处理后方能排入小区和城镇污水管道。

如果小区远离城镇或其他原因使污水不能排入城镇污水管道，这时小区污水应根据排放水体的情况，严格执行现行《污水综合排放标准》（GB 8978），一般要采用二级生物处理达标后方能排放。

2. 小区污水处理设施的设置

小区内是否设置污水处理设施，应根据城镇总体规划，按照小区污水排放的走向，由城镇排水总体规划管理部门统筹决定。设置的原则有以下几个方面。

第一，城镇内的居住小区污水尽量纳入城镇污水集中处理工程范围之内，城镇污水的收集系统应及时敷设到居住小区。

第二，城镇已建成或已确定近期要建污水处理厂，小区污水能排入污水处理厂服务范围的城镇污水管道，小区内不应再建污水处理设施。

第三，城镇未建污水处理厂，小区污水在城镇规划的污水处理厂的服务范围之内，并已排入城镇管道收集系统，小区内不需建集中的污水处理设施。是否要建分散或过渡处理设施应持慎重态度，由当地政府有关部门按国家政策权衡决策。

第四，小区污水因各种原因无法排入城镇污水厂服务范围的污水管道，应坚持排放标准，按污水排放去向设置污水处理设施，处理达标后方能排放。

第五，居住小区内某些公共建筑污水中含有毒、有害物质或某些指标达不到排放标准，应设污水局部处理设施自行处理，达标后方能排放。

3. 小区污水处理技术

小区污水的水质属一般生活污水，所以城市污水的生物处理技术都能适用于小区污水处理。化粪池处理技术长期以来一直在国内作为污水分散或预处理的一项主要处理设施，曾起到一定作用。居住小区内设置化粪池时采用分散还是集中布置，应根据小区建筑物布置、地形坡度、基地投资、运行管理和用地条件等综合比较确定。

居住小区的规模较大，集中处理污水量达千立方米以上的规模，小区污水处理可按相关规定选择合适的生物处理工艺，进行污水处理构筑物的设计计算。在选择处理工艺时应充分考虑小区设置特点，处理构筑物最好能布置在室内，对周围环境的影响应降到最低。

居住小区规模较小（组团级）或污水分散处理，处理污水设计流量小，这时处理设施可采用二级生物处理要求设计的污水处理装置进行处理。目前我国有不少厂家生产这类小型污水处理装置，采用的处理技术一般为好氧生物处理，也有厌氧/好氧生物处理。如果这类处理装置运行管理正常，能达到国家规定的二级排放标准（可向Ⅳ、Ⅴ类水域排放）。人工湿地应增加预处理，并且与绿化相结合。

4. 小区雨水利用

为了节约水资源，可将雨水收集后经混凝、沉淀、过滤等处理后予以直接利用，用作生活杂用水，如冲厕、洗车、绿化、水景补水等，或将径流引入小区中水调蓄构筑物。在旱季，设备常处于闲置状态，其可行性和经济性略差，但对于严重缺水地区是可行的。

雨水利用的另一种方法即雨水的间接利用，它是指将雨水适当处理后回灌至地下含水层或将径流经土壤渗透净化后涵养地下水。土壤渗透是最简单可行的雨水利用方式，具体可参照有关规定执行。

第四章　特殊地区给排水施工技术

第一节　特殊地区给排水管道施工技术

一、湿陷性黄土区给排水管道

(一) 湿陷性黄土区特点

我国的湿陷性黄土区主要分布在陕西、甘肃、山西、河南、内蒙古、青海、宁夏、新疆等省（自治区）和东北部分地区，湿陷性黄土的主要特点是在天然湿度下具有很高的强度，可以承受一般建筑物或构筑物的重力。但是，在一定压力下受水浸湿后，黄土结构迅速被破坏，表现出极大的不稳定性，产生显著下沉的现象，故称作湿陷性黄土。

建筑在湿陷性黄土区的建筑物或构筑物，常因给排水管道漏水而造成湿陷事故，使建筑物遭受破坏。为了避免湿陷事故的发生，保证建筑物的安全和正常使用，在设计中不仅要考虑防止管道和构筑物的地基因受水浸湿而引起沉降的可能性，而且还要考虑给排水管道和构筑物漏水而使附近建筑物发生湿陷的可能性。对于湿陷性黄土地区的给排水管道，应根据相关规定以及根据施工、维护、使用等条件，因地制宜，采取合理有效的措施。

(二) 管道布置要求

第一，设计时，要求有关专家充分考虑湿陷性黄土的特点，尽量使给水点、排水点集中，避免管道过长、埋设过深，从而减少漏水机会。

第二，管道布置应有利于及早发现漏水现象，以便及时维修和排除事故，为此，室内给排水管道应尽量明装，给水管由室外进入室内后，应立即翻出地面，排水支管应尽量沿墙敷设在地面上或悬吊在楼板下，厂房雨水管道应悬吊明装或采取外排水方式。

第三，当室内埋地管道较多时，可视具体情况采取综合管沟的方案。

第四，为便于检修，室内给水管道在引入管、干管或支管上适当增加阀门。

第五，给排水管道穿越建筑物承重墙或基础时应预留孔洞。

第六，在小区或街坊管网设计中应注意各种管道交叉排列，做好小区或街坊管网的管道综合布置。

（三）管材及管道接口

1. 管材选用

敷设在湿陷性黄土地区的给排水管道，其材料应经久耐用，管材质量一般应高于一般地区的要求。

第一，压力管道应采用钢管、给水铸铁管或预应力钢筋混凝土管。自流管道应采用铸铁管、离心成型钢筋混凝土管、内外上釉陶土管或耐酸陶土管。

第二，室内排水采用排水沟时，排水沟应采用钢筋混凝土结构，并做防水面层。

第三，湿陷性黄土对金属管材有一定的腐蚀作用，故对埋地铸铁管应做好防腐处理，对埋地钢管及钢配件应加强防腐处理。

2. 管道接口

给排水管道的接口必须密实，并有柔性，即使在管道有轻微的不均匀沉降时，仍能保证接口处不渗不漏。

镀锌钢管一般采用螺纹连接；焊接钢管、无缝钢管采用焊接；承插式给水铸铁管，一般采用石棉水泥接口；承插式排水铸铁管，采用石棉水泥接口；承插式钢筋混凝土管、承插式混凝土管和承插式陶土管，一般采用石棉水泥沥青玛碲脂接口，不宜采用水泥砂浆接口；钢筋混凝土或混凝土排水管，一般采用套管（套环）石棉水泥接口，不宜采用平口抹带接口；自应力水泥砂浆接口和水泥砂浆接口等刚性接口，不易在湿陷性黄土地区采用。

（四）检漏设施

检漏设施包括检漏管沟和检漏井。一旦管道漏水，水可沿管沟排至检漏井，以便及时发现并进行检修。

1. 检漏管沟

埋设管道敷设在检漏管沟中是目前广泛采用的方法。检漏管沟一般做成有盖板的地沟，沟内应做防水，要求不透水。

对直径较小的管道采用检漏管沟困难时可采用套管，套管应采用金属管道或钢筋混凝土管。

检漏管沟的盖板不易明设，若为明设时应在入孔采取措施，防止地面水流入沟中。检漏管沟的沟底应坡向检查井或集水坑，坡度不应小于 0.005，并应与管道坡度一致，以保证在发生事故时水能自流到检漏井或集水坑。

检漏管沟截面尺寸的选择应根据管道安装与维修的要求确定，一般检漏管沟宽不宜小于 600mm，当管道多于两根以上时应根据管道排列间距及安装检修要求确定管沟尺寸。

2. 检漏井

检漏井是与检漏管沟相连接的井室，用来检查给排水管道的事故漏水。

检漏井的设置，以能及时检查各管段的漏水为原则，应设置在管沟末端或管沟沿线分段检漏处，并应防止地面水流入，其位置应便于寻找识别、检漏和维护为宜。检漏井应设有深度不小于 300mm 的集水坑，可与检查井或阀门井共壁合建。但阀门井、检查井、消火栓井、水表井等均不得兼作检漏井。

二、地震区给排水管道

地震后，按受震区地面影响和破坏的强度程度，地震烈度共分为 12 度，在 6 度及 6 度以下时，一般建筑物仅有轻微破坏，不致造成危害，可不设防；但是 7 度及以上时，一般建筑物将遭到破坏，造成危害，必须设防；10 度及 10 度以上时，因毁坏太严重，设防费用太高或无法设防，只能结合工程情况做专门处理研究。我国仅对于 7～9 度地震区的建筑物编制了规范和标准，本书介绍的也仅为 7～9 度地震地区给排水工程的一般设防要求。

（一）地震防震的一般规定

根据地震工作以预防为主的方针，给排水的设施要求是：在地震发生后，其震害不致使人民生命和重要生产设备遭受危害；建筑物和构筑物不需修理，或经一般修理后仍能继续使用；对管网的震害控制在局部范围内，尽量避免造成次生灾害，并便于建筑给水排水工程抢修和迅速恢复使用。

（二）管道设计

1. 建筑外部管道设计要求

（1）线路的选择与布置

地震区给排水管道应尽量选择在良好的地基上，尽量避免水平或竖向的急剧转弯；干管宜敷设成环状，并适当增设控制阀门，以便于分割供水和检查，如因实际需要，干管敷设成枝状时，宜增设连通管。

（2）管材选择

地震区给排水管材以选择延性较好或具较好柔性、抗震性能良好的管材，例如钢管、胶圈接口的铸铁管和胶圈接口的预应力钢筋混凝土管。埋地管道应尽量采用承插式铸铁管或预应力钢筋混凝土管；架空管道可采用钢管或承插式铸铁管；过河的倒虹管以及穿过铁路或其他交通干线的管道应采用钢管，并在两端设阀门；敷设在可液化土地段的给水管道主干管，宜采用钢管，并在两端增设阀门。

（3）管道接口方式的选择

地震区给排水管道接口的选择是管道改善抗震性能的关键，采用柔性接口是管道抗震最有效的措施。柔性接口中，胶圈接口的抗震性能较好；胶圈石棉水泥或胶圈自应力水泥接口为半柔性接口，抗震性能一般；青铅接口由于允许变形量小，不能满足抗震要求，故不能作为抗震措施中的柔性接口。

阀门、消火栓两侧管道上应设柔性接口。埋地承插式管道的主要干支线的三通、四通、大于45°弯头等附件与直线管段连接处应设柔性接口。埋地承插式管道当通过地基地质突变处应设柔性接口。

（4）室外排水管网的设计要求

第一，地震区排水管道管线选择与布置应尽量选择良好的地基，宜分区布置，就近处理和分散出口。各个系统间或系统内的干线间应适当设置连通管，以备下游管道被震坏时作为临时排水之用。连通管不做坡度或稍有坡度，以壅水或机械提升的方法排出被震坏的排水系统中的污废水，污水干道应设置事故排出口。

第二，设计烈度为8度、9度，敷设在地下水位以下的排水管道应采用钢筋混凝土管。

第三，在可液化土地段敷设的排水管道应采用钢筋混凝土管，并设置柔性接口。圆形排水管应设管基，其接口应尽量采用钢丝网水泥抹带接口。

2. 建筑内部管道设计要求

（1）管材和接口

一般建筑物的给水系统采用镀锌钢管或焊接钢管，接口采用螺纹接口或焊接；排水系统采用排水铸铁管，石棉水泥接口。高层建筑的排水管道当采用排水铸铁管、石棉水泥接口时，管道与设备机器连接处须加柔性接口。

（2）管道布置

管道固定应尽量使用刚性托架或支架，避免使用吊架；各种管道最好不穿过抗震缝，而在抗震缝两边各成独立系统，管道必须穿抗震缝时，须在抗震缝的两边各装一个柔性接头；管道穿过内墙或楼板时应设置套管，套管与管道间的缝隙应填柔性耐火材料；管道通过建筑物的基础时，基础与管道间须留适当的空隙，并填塞柔性材。

第二节　特殊性质建筑的给水排水施工技术

一、游泳池的给水排水

（一）游泳池的类型与规格

游泳池的类型按使用性质可分为：比赛游泳池（含水球和花样游泳池）、训练游泳池、跳水游泳池、水上游乐池、儿童游泳池和幼儿戏水池；按经营方式可分为公用游泳池和商业游泳池；按建造方式可分为人工游泳池和天然游泳池；按有无屋盖可分为室内游泳池和露天游泳池等。

游泳池的长度一般为 12.5m 的倍数，宽度由泳道数量决定。每条泳道的宽度一般为 2.0~2.5m，但中、小学校游泳池的泳道宽度可采用 1.8m，边泳道的宽度应另增加0.25~0.50m。标准的比赛和训练游泳池其宽度一般为 21m（8 条泳道）或 25m（10 条泳道）。

另外，设计中应与相关部门密切配合，以确保游泳池既符合使用要求，又符合卫生要求。水上游乐池的平面形状不拘于矩形和方形。

（二）游泳池的给水

1. 给水方式与给水系统的组成

第一，直流给水方式，即连续不断地向游泳池内供给新鲜水，同时又不断地从泄水口和溢流口排走被玷污的水。该系统由给水管、配水管、阀门和给水口等部分组成。为保证水质，每小时的补充水量应为池水容积的 15%~20%，每天应清除池底和水面的污物，并用漂白粉或漂白精等进行消毒。

这种给水方式具有系统简单、投资较省、维护简便、运行费低等优点。在有充足清洁的水源（如温泉水、地热井水）时，应优先采用此种供水方式。当以市政自来水为水源时，给水系统中宜设平衡水池，以保持池内水位恒定，还应有空气隔断措施。

第二，定期换水给水方式，即每隔 1~3 天将池水放空再注入新鲜水。每天应清除池底和水面的污物，并投加漂白粉或漂白精等进行消毒。

这种给水方式虽具有系统简单、投资省、维护管理方便等优点，但池中水质不易保证，卫生状况较差，且换水时要停止使用一定时间，故目前不推荐采用。

第三，循环给水方式，就是将玷污的池水按适当的流量抽出，经过专设的净化系统对其进行净化、消毒（和加热）处理，达到水质要求后，再送入游泳池循环使用。

这种给水方式是目前普遍采用的给水方式，具有节约用水、保证水质、运行费用低等优点。但系统较复杂、投资较大、维护管理不太方便。

该方式除管道、阀门等部分外，还需设置水泵和过滤、加药、消毒、加热（需要时）等设备。

其具体的循环方式为顺流式、逆流式和混合式三类。

（1）顺流式循环

顺流式循环是指全部循环水量从游泳池两端或两侧进水，由游泳池底部回水。这种方式配水较均匀，有利于防止水波形成涡流和死水区，目前国内普遍采用这种方式，但池底易沉积污物。

（2）逆流式循环

逆流式循环是指全部循环水量由池底均匀地进入，从游泳池周边的上缘溢流回水。这种方式配水均匀，池底不易积污，能够及时去除池水表面污物。逆流式循环是国际游泳协会（FINA）推荐的方式，但基建投资费用较高，施工难度较大。

（3）混合式循环

混合式循环是指上述两种方式的组合，具体形式有：给水全部从池底进入，池表（不少于循环水量的50%）和池底（不超过循环水量的50%）同时回水；给水从两侧上部和下部进入，两端溢流回水加底部回水；给水由池底和两端下侧进入，从两侧溢流等多种。这种方式配水较均匀，池底积污较少，利于表面排污。

2. 水质、水温与水量

（1）水质

世界级比赛用和有特殊要求的游泳池的池水水质卫生标准，除应符合我国现行《游泳池水质标准》（CJT 244）要求外，还应符合国际游泳协会（FINA）关于游泳池池水水质卫生标准的规定。国家级比赛用游泳池和宾馆内附建的游泳池池水水质卫生标准，可参照国际游泳协会（FINA）关于游泳池池水水质卫生标准的规定执行。其他游泳池和水上游乐池池水水质应符合我国的卫生标准。游泳池初次充水和补充水均应符合现行的《生活饮用水卫生标准》（GB 5749—2022）的要求（如采用的是温泉水、地热水，其水质应与当地卫生防疫部门、游泳联合会协商确定），平常池中的水质应符合相关规定。游泳馆、水上游乐场内的饮水、淋浴等生活用水，其水质应符合现行的《生活饮用水卫生标准》（GB 5749—2022）的要求。

（2）水温

比赛用游泳池的池水温度，应符合相关的要求。

（3）水量

①初次充水总量为游泳池的容积，其充水时的流量，游泳池不宜超过 48h，水上游乐池不宜超过 72h。

②游泳池（含水上游乐池）的补充水量应根据游泳池的不同用途计算，同时应符合当地卫生防疫部门规定的全部池水更换一次所需的时间要求。但直流式给水方式的游泳池，每小时的补充水量不得小于游泳池容积的 15%。

大型游泳池和水上游乐池应采用平衡水池或补充水箱间接补水。家庭游泳池等小型游泳池当采用生活饮用水直接补水时，补充水管应采用有效防止回流污染的措施。

③循环流量一般按式 4-1 计算：

$$q_{xu} = \frac{\alpha n V}{24} \tag{4-1}$$

式中　q_{xu} ——循环水流量，m^3/h；

　　　α ——管道、净化设备、补给水箱或平衡水池的水容积系数，一般取 1.1~1.2；

　　　n ——池水每天的循环次数；

　　　V ——游泳池的水容积，m^3。

④其他用水量可根据游泳池的附属设施计算（这里的小时变化系数可按 2.0 计）。

⑤总用水量是指初次充水（给水设施必须具备满足初次充水的供水能力）后，每天的总用水量应为补充水量与其他用水量之和。

3. 水质净化与消毒

（1）水质净化方式

游泳池水质净化的方式一般对应其给水方式，常有溢流净化、换水净化和循环净化。

第一，溢流净化方式，就是连续不断地向池内供给符合《生活饮用水卫生标准》（GB 5749—2022）要求的自流井水、温泉水或河水，将玷污了的池水连续不断地排除，使池水在任何时候都保持符合相关要求。有条件时应优先采用这种方法。

第二，换水净化方式，就是将被玷污的池水全部排除，再重新充入新鲜水的方式，这种方式不能保证稳定的卫生状况，有可能传染疾病，一般不推荐这种方法。

第三，循环净化方式，就是将玷污了的池水按一定的流量连续不断地送入处理设施，去除水中污物，投加消毒剂杀菌后再送入游泳池使用，这是城镇较高标准游泳池常用的给水方式。

净化环节主要包括以下环节。

①预净化是指为防止池水中较大固体杂质、毛发纤维、树叶等影响后续循环和处理设备的正常进行，在池水进入水泵和过滤器之前，将其去除。预净化设备由平衡水池和毛发

聚集器组成。

②过滤是指由于游泳池循环水浊度不高且水质稳定，一般可采用压力式接触过滤进行处理。

为了提高过滤效果，加快池水中微小悬浮污物颗粒的絮凝，促进过滤作用，在过滤前应通过药剂投加装置向循环水中投加混凝剂和助凝剂（一般为铝盐或铁盐药剂），还应根据气候条件、池水水质、pH 值等情况，投加除藻剂、水质平衡药剂。

（2）消毒

由于游泳池池水直接与人体接触，还有可能进入嘴内和腹中，如果不卫生，就可能引起五官炎症、皮肤病和消化器官疾病等，严重时还可能引起伤寒、霍乱、梅毒、淋病等的传染。游泳者虽然在入池前进行了洗浴，但难免带进一些细菌，更主要的是在游泳过程中会分泌、排泄出汗和其他物质不断污染池水，故必须对游泳池和水上游乐池的池水进行严格的消毒杀菌处理。

对于消毒方法的确定，一方面要求杀菌能力强、效果好、在水中有持续的杀菌功能；不改变池水水质，不造成水和环境污染；对人体无刺激（或刺激性很小）；对建筑结构、设备和管道无腐蚀或轻微腐蚀。另一方面要求建设和维护费用较省，设备简单、运行安全可靠、操作管理方便。

游泳池常用氯化消毒法，其消毒剂有液氯、次氯酸钠、漂白粉和氯片（适用小型游泳池）等。该法具有消毒效果好、有持续消毒功能、投资较低的优点。但有刺激性气味，对眼睛与呼吸道有刺激作用，对池体、设备有腐蚀作用，对管理水平要求高，使用瓶装氯气消毒时，氯气必须采用负压自动投加方式，严禁将氯直接注入游泳池水中的投加方式。加氯间应设置防毒、防火和防爆装置，并应符合国家现行有关标准的规定。

臭氧和紫外线消毒有更强的杀菌能力，且具脱色去臭功能，对人体无刺激作用，但投资费用较高，在我国一般的游泳池中还没有普遍使用。

4. 水的加热

以温泉水或地热水为水源的游泳池，池水不需加热，露天游泳池一般也不进行加热。

室内游泳池如有完善的采暖空调设施，池水温度达到 25℃左右即可。如气温较低，池水温度宜保持在 27℃以上。

第一，游泳池水面蒸发损失的热量按式 4-2 计算：

$$Q_z = 4.187\gamma(0.0174v_f + 0.0229)(P_b - P_q)A(760/B) \qquad (4-2)$$

式中 Q_2——池水表面蒸发损失的热量，kJ/h；

γ ——与池水温度相等时，水的蒸发汽化潜热，kcal/kg；

v_f ——地面上的风速，m/s，室内游泳池一般取 $v_f = 0.2 \sim 0.5$m/s；

P_b——与池水温度相等的饱和空气的水蒸气分压，mmHg；

P_q——游泳池环境空气的水蒸气分压，mmHg；

A——游泳池水面面积，m^2；

B——当地大气压力，mmHg。

第二，传导损失的热量，包括池水表面、池底、池壁、管道和设备等所有的传导所损失的热量。其数值可按游泳池池水表面蒸发损失热量的20%计算。

第三，补充水加热所需的热量按式4-3计算：

$$Q_b = \frac{4.187\rho q_b(t_s - t_b)}{T} \tag{4-3}$$

式中 Q_b——补充水加热所需要的热量，kJ/h；

q_b——每天补充的水量，m^3；

p——水的密度，kg/L；

t_s——池水温度；

t_b——补充水水温，℃（按冬季最不利水温计算）；

T——每天加热时间，h。

第四，总热量，加热所需的总热量应为上述三项之和。

第五，加热方式和设备。常用的加热方式和加热设备与建筑热水供应基本相同。

5. 附属装置和洗净设施

第一，附属装置主要包括以下几项。

①进水口，是给水管系的末端，是净水进入游泳池的入口。进水口的布置应保证配水均匀和不产生涡流及死水域；进水口根据池水循环方式设在池底或池壁上，并应有格栅护板；进水口和格栅护板一般应采用不锈钢、铜、大理石和工程塑料等不易变形、耐久性能好的材料制造；池壁进水口的间距宜为2~3m，拐角处进水口距另一池壁不宜大于1.5m。进水口宜设在池水水面以下0.5~1.0m处，以防余氯的过快损失。跳水池的进水口应为上下两层交叉布置；池底进水口应沿两泳道标志线中间均匀布置，间距宜为3~5m。

进水口的数量必须满足循环流量的要求，进水口格栅孔隙的宽度不得大于8mm，孔隙流速一般为0.6~1.0m/s。进水口流量宜按4~10m^3/（h·个）确定，其接管管径不宜超过50mm。进水口宜设置流量调节装置。

②回水口，是循环水质净化方式中回水管系的起点，被玷污的池水从回水口进入并通过回水管道送入净化处理装置。

回水口设在池底（此时回水口可兼作泄水口）或溢流水槽内，池底回水口的位置应满足水流均匀和不产生短流的要求。

回水口的数量应满足循环流量的要求，设置位置应使游泳池内水流均匀、不产生涡流和短流，且应有格栅盖板，格栅盖板孔隙的流速不应大于 0.2m/s。格栅盖板应采用耐腐蚀和不易变形的材料制造，且应与回水口有牢靠的固定措施。格栅开孔宽度或直径不得超过 10mm，儿童池不超过 8mm，以保证游泳者的安全。回水管内的流速宜采用 0.7~1.0m/s。格栅盖板孔隙的流速不应大于 0.2m/s。

③其他。为了解决游泳者临时饮水和冲洗眼睛的问题。在游泳池的岸边适当位置应设置饮水器或饮水水嘴（一般不得少于 2 个）和洗眼水嘴。

第二，洗净设施，是保证池水不被污染和防止疾病传播的不可缺少的组成部分。它包括浸脚消毒池、强制淋浴器和浸腰消毒池。

①洗净设施的流程形式有两种。

A. 浸脚消毒→强制淋浴→浸腰消毒→游泳池岸边。

B. 浸脚消毒→浸腰消毒→强制淋浴→游泳池岸边。

②浸脚消毒池，其宽度应与游泳者出入通道相同，长度不得小于 2.0m，有效深度应在 150mm 以上。前后地面应以不小于 0.01 坡度坡向浸脚消毒池。池体与配管应为耐腐蚀、不透水材料，池底应有防滑措施。

消毒液的配制及供应。消毒液浓度：液氯为 50~100mg/L，漂白粉为 200~400mg/L。消毒液宜为流动式，使其不断更新。如为间断更换消毒液，其间隔时间宜为 2h，不得超过 4h。

③浸腰消毒池，设置的目的是对每一游泳者的腰部和下身进行消毒（浸腰消毒池目前在我国使用较少，但今后可能会有所发展），它的深度应保证腰部被消毒液全部淹没，一般成人要求溶液深度为 800~1000mm，儿童为 400~600mm。池体应为耐腐蚀、不透水材料，池底设防滑措施，两侧设扶手。浸腰消毒池的形式有：阶梯式和坡道式。

消毒液配制浓度。如设在强制淋浴之前时，液氯为 50~100mg/L，漂白粉为 200~400mg/L；如设在强制淋浴之后时，液氯为 5~10mg/L，漂白粉为 20~40mg/L。

④强制淋浴。公共游泳池和水上游乐池一般应设强制淋浴设施，其作用是使游泳者入池之前洗净身体，并适应一下较低水温的刺激，防止入池后身体突遇低温发生事故（游泳之后亦可进行冲洗）。水温宜为 38℃~40℃，但夏季可以采用冷水。用水量按每人每场 50L/（场·人）计算。

6. 给水管道的布置与敷设

游泳池给水管道的选材、布置与敷设的原则和方法与建筑给水系统基本相同。

但游泳池具有自身的特点，布管时应当注意：给水管网的布置形式应结合游泳池的环境状况、给水方式予以综合考虑。室内游泳池一般宜在池身周围设置管廊，管廊高度不应小于 1.8m，管道敷设在管廊内。室内小型游泳池和室外游泳池的管道也可以埋地敷设，埋地管道宜采用给水铸铁管且应有可靠的基础或支座。

采用市政自来水作为游泳池补充水时，其管道不得与游泳池和循环水管道直接连接，必须采取有效防止倒流污染的措施。游泳池饮用水给水管道系统宜单独设置。

管道上的阀门应采用明杆闸阀或蝶阀。管道无须采取保温隔热措施。

循环水泵应靠近游泳池，并设计成自灌式，且应与平衡水池、净化设备和加热加药装置设在同一房间。

（三）游泳池排水

1. 岸边清洗

游泳池岸边如有泥沙、污物，可能会被涌起的池水冲入池内而污染池水。为防止这种现象，池岸应装设冲洗水嘴，每天至少冲洗 2 次。所产生的冲洗水应流至排水沟。

2. 溢流与泄水

（1）溢流水槽

游泳池应设置池岸式溢流水槽，以用于排除各种原因而溢出游泳池的水体，避免溢出的水回流到池中，带入泥沙和其他杂物。

溢流水槽的槽沿应严格要求做到水平，以防溢水短流。槽内排水口间距一般为 3m，仅作溢水用时，断面尺寸按不小于 10% 的循环流量确定，槽宽不得小于 150mm；如作为回水槽，则槽内排水管口按循环流量确定，但宽度不得小于 250mm；槽内纵向应有不小于 $i = 0.01$ 坡度坡向排水口；岸边溢水槽应设置格栅盖板，其材质参见回水口。

溢水管不得直接与污水管直接连接，且不得装设存水弯，以防污染及堵塞管道；溢水管宜采用铸铁管或钢管内涂环氧树脂漆以及其他新型管道。

（2）泄水口

泄水口用于排空游泳池中的水体，以便清洗、维修或者停用。

泄水口应与池底回水口合并设置在游泳池底的最低处；泄水口的数量一是满足不会产生负压造成对人体的伤害，二是按 4h 排空全部池水计算确定；泄水管亦按 4h 将全部池水泄空计算管径。

泄水方式应优先采用重力泄水，但应有防污水倒流污染的措施。重力泄水有困难时，采用压力泄水，可利用循环泵泄水。

泄水口的构造与回水口相同。

3. 排污与清洗

（1）排污

为保证游泳池的卫生要求，应在每天开放之前，将沉积在池底的污物予以清除。在开放期间，对于池中的漂浮物、悬浮物应随时清除。常有的排污方法有：

①漂浮物、悬浮物的清除方法。主要由游泳池的管理人员利用工具，采用人工拣、捞的方法予以清除。

②池底沉积物的清除方法可分为管道排污法、移动式潜污泵法、虹吸排污法、人工排污法等。

管道排污法：循环回水、排污管道系统（或真空排污管道系统）设置在游泳池四周排水沟内或池壁上，管道每隔一段距离设置带有阀门的管道接口。排污时，将排污器的排污软管与接口相连，开启循环回水泵，移动排污器使池底积污被抽吸排出。此法排污较彻底，节省人力，但设备、管道系统较复杂，占用面积较大，投资较高。适用于城市中较豪华、设施完善的游泳池。

移动式潜污泵法：将潜污泵及与之相连的排污器和部分排污软管置入池底，缓慢地推拉移动，开启潜污泵将污物抽吸排出。此法排污较快，但移动潜污泵和排污器时稍显笨重。

虹吸排污法：排污器的排水管口置于较低位置，利用水力作用或真空泵引水造成虹吸，将污物吸出。此方法节省电能，但耗水量大（每次约达池积的5%），且排污不彻底。

人工排污法：用擦板刷或压力水等将池底污物缓慢推至泄水口（或回水口），然后打开泄水阀或循环水泵将之排除。此法设备简单，但劳动强度大，耗用时间长，如操作过急，易扰动积污混于水中，影响排污效果。

后三种排污法一般适用于较简易的游泳池。

排污时排出的废水，可直接排放，也可经过过滤处理后回用。

（2）清洗

游泳池换水时，应对池底和池壁进行彻底刷洗，不得残留任何污物，必要时应用氯液刷洗杀菌。一般采用棕板刷刷洗和压力水冲洗。

清洗水源采用的自来水或符合现行国家标准《生活饮用水卫生标准》中的其他水。

（四）游泳池辅助设施的给水排水

游泳池应配套设置更衣室、厕所、泳后淋浴设施、休息室及器材库等辅助设施。这些设施的给水排水与建筑给水排水相同。

二、水景工程

（一）水景工程的作用与构成

1. 水景工程的作用

利用水景工程制造水景（亦称喷泉），我国自 18 世纪中期已开始兴建。形状各异、多姿多彩的水景，在现代城镇建设中日益增多，几乎成了城市中不可缺少的景观。随着现代电子技术的发展，赋予了水景以新的活力，它与灯光、绿化、雕塑和音乐之间的巧妙配合，构成了一幅五彩缤纷、华丽壮观、悦耳动听的美景，给人们带来了清新的环境和诗情画意般的遐想，赢得了人们的广泛喜爱。因此，水景已经成为城镇规划、旅游建筑、园林景点和大型公共建筑设计中极为重要的内容之一。

水景除了美化环境的功能之外，还具有湿润和净化空气、改善小范围气候的作用。水景工程中的水池可兼作冷却水池、消防水池、浇洒绿地用水的贮水池或作娱乐游泳池和养鱼池等。

2. 水景工程的构成

水景工程由如下几部分构成。

（1）土建部分

即水泵房、水景水池、管沟、泄水井和阀门井等。

（2）管道系统

即给水管道、排水管道。

（3）造景工艺器材与设备

即配水器、各种喷头、照明灯具和水泵等。

（4）控制装置

即阀门、电气自动控制设备和音控设备等。

（二）水景的造形、基本形式和控制方式

1. 水景的造形

（1）池水式的水景造形

以静取胜的镜池，水面宽阔而平静，可将水榭、山石、树木和花草等映入水中形成倒影，可增加景物的层次和美感。

以动取胜的浪池，既可以制成鳞纹细波，也可制成惊涛骇浪，它具有动感和趣味性，还能加强池水的充氧效果，防止水质腐败。

（2）漫流式的水景造形

灵活巧妙地利用地形地物，将溪流、漫流和叠流等有机地配合应用，使山石、亭台、小桥、花木等恰当地穿插其间，使水流平跃曲直，时隐时现，水流淙淙，水花闪烁，欢快活泼，变化多端。

（3）迭水式的水景造形

利用峭壁高坎或假山，构成飞流瀑布、雪浪翻滚、洪流跌落、水雾蒸腾的壮景或凌空飘垂的水幕，让人感到气势宏大。

（4）孔流造形

孔流的水柱纤细透明、轻盈妩媚，别具一格，活泼可爱。

（5）喷水式的水景造形

喷水式是借助水压和多种形式的喷头所构成，具有更广阔的创作天地。

①射流水柱造形。射流水柱可喷得高低远近不同，喷射角度也可任意设置和调节，可有高达几十米的雄壮之美，也可是弯曲婉约的柔动之美。它是水景工程中最常用的造景手段。

②膜状水流造形。膜状水流新颖奇特、噪声低、充氧强，但易受风的干扰。宜在室内和风速较小的地方采用。

③气水混合水柱。这种造型水柱较粗，水流颜色雪白，形状浑厚壮观，但噪声和能耗较大。也是水景工程常用的形态。

④水雾。水雾是将少量的水喷洒到很大的范围内，形成水汽腾腾、云雾朦朦的景象，配以阳光或白炽灯的照射，还可呈现彩虹映空的美景。其他水流辅以水雾烘托，水景的效果和气氛更为强烈。

（6）涌水式的水景造形

大流量的涌水可形成趵突泉般的效果，涌水水面的高度虽不大，但粗壮稳健，气势豪大，激起的粼粼波纹向四周散扩，赏心悦目。

小流量的涌水可从清澈的池底冒出串串闪亮的汽泡，如似珍珠颗颗（又称珍珠泉）。池底玉珠进涌，水面粼波细碎，给人以幽静之感。

（7）组合式水景造形

常见的大中型水景工程，是将各种水流形态组合搭配，其造形变幻万千，无穷无尽。组合式的水景将各种喷头恰当地搭配编组，按一定程序依次喷水。若辅以彩灯变换照射，就构成程控彩色喷泉；若再利用音乐声响控制其喷水的高低、角度变化，就构成彩色音乐喷泉。

2. 水景工程的基本形式

水景工程可根据环境、规模、功能要求和艺术效果，灵活地放置成多种形式。

（1）固定式

固定式大中型水景工程一般都是将构成水景工程的主要组成部分固定设置，不能随意移动，常见的有河湖式、水池式、浅碟式和楼板式等。

（2）半移动式

半移动式是指水景工程中的土建部分固定不变，而其他主要设备（如潜水泵、部分管道、配水器、喷头和水下灯具等）可以移动。通常是将主要设备组装在一起或搭配成若干套路，再按一定的程序控制各套的开停，实现常变常新的水景效果。

（3）全移动式

全移动式就是将包括水池在内的所有水景设备全部组合并固定在一起，可以整体任意搬动，这种形式的水景设施能够定型生产制作成成套设备，可以放置在大厅、庭园内，更小型的可摆在橱窗内、柜台上或桌子上。

3. 水景工程的控制方式

为了改善和增强水景变幻莫测、丰富多彩的观赏效果，就需使水景的水流姿态、光亮照度、色彩变异随着音乐的旋律、节奏和声响的强弱而产生协调同步变化。这就要求采取较复杂的控制技术与措施。目前常用的控制方式有以下几种。

（1）手动控制

把水景设备分成若干组或只设定为一组，分别设置控制阀门（或专用水泵），根据需要可开启一组、几组或全部，将水景姿态调节满意之后就不再变换。

（2）电动程控

将水景设备（喷头、灯具、阀门、水泵等）按水景造形进行分组，每组分别设置专控电动阀、电磁阀或气动阀，利用时间继电器或可编程序控制器，按照预先输入的程序，使各组设备依编组循环运行，去实现变化多端的水景造形。

（3）音响控制

在各组喷头的给水干管上设置电动调节阀（或气动调节阀）以及在照明电路中设置电动开关，并在适当位置设置声波转换器，将声响频率、振幅转换成电信号，去控制电动调节阀的开启、开启数量与开启程度等，从而实现水景姿态的变换。

声响控制的具体方式有：人声直接控制方式、录音带音乐控制方式、直接音乐音响控制方式、间接音响控制方式和混合控制法等。

（三）水景给水水量和水质

1. 水景给水水量

（1）初次充水量

充水量应视水景池的容积大小而定。充水时间一般按 24~48h 考虑。

（2）循环水量

循环水量应等于各种喷头喷水量的总和。

（3）补充水量

水景工程在运行过程中，由于风吹、蒸发以及溢流、排污和渗漏等因素，要消耗一定的水量，也称水量损失。对于水量损失，一般按循环流量或水池容积的百分数计算。

水量损失的大小应根据喷射高度、水滴大小、风速等因素选择。

对于镜池、珠泉等静水景观，每月应排空换水 1~2 次，或按相关规定溢流、排污百分率连续溢流、排污，同时不断补充等量的新鲜水。为了节约用水，镜池、珠泉等静水景观应采用循环给水方式。

2. 水景给水水质

第一，对于兼作人们娱乐游泳、儿童戏水的水景水池，其初次充水和补充给水的水质应符合《生活饮用水卫生标准》（GB 5749—2022）的要求（当采用生活饮用水作为补充水时，水管上应设置用水计量装置，应有防止回流污染的措施），其循环水的水质应符合相关规定。

第二，对于不与人体直接接触的水景水池，其补给水可使用生活饮用水，也可根据条件使用生产用水或清洁的天然水，其水质应符合相关规定。

（四）造景工艺主要器材与设备

1. 造景工艺的喷头

喷头是制造人工水景的重要部件。它应当耗能低、噪声小、外形美，在长期运行环境中不锈蚀、不变形、不老化。制作材质一般是铜、不锈钢、铝合金等，少数也有用陶瓷、玻璃和塑料等制成的。根据造景需要，它的形式很多，常用的有以下几种。

第一，直流式喷头。它的构造简单，在相同水压下，可喷出较高较远的水柱。

第二，吸气（水）式喷头，它是利用喷嘴射流形成的负压，使水柱掺入大量的气泡，喷出冰塔形态的水柱。

第三，水雾喷头。水雾喷头有旋流式和碰撞式等，是制造水雾形态的喷头。

第四，隙式喷头。隙式喷头有缝隙式和环隙式等，是能够喷平面、曲面和环状水膜的喷头。

第五，折射式喷头。它是使水流在喷嘴外经折射形成水膜的喷头。

第六，回转型喷头。它是利用喷嘴喷出的压力水的反作用（或利用其他动力带动回转），使喷头不停地旋转运动，形成动感的喷水造形。

除上述几种喷头外，还有多孔型喷头、组合式喷头、喷花型喷头等几十种喷头。

2. 造景工艺的水泵

固定式水景工程常选用卧式或立式离心泵和管道泵。

半移动式水景工程宜采用潜水泵。最好是采用卧式潜水泵，如用立式潜水泵，则应注意满足吸水口要求的最小淹没深度。

移动式水景工程，因循环的流量小，常采用微形泵和管道泵。

3. 控制阀门

对于电控和声控的水景工程，水流控制阀门是关键装置之一，对它的基本要求是能够适时、准确地控制（即准时地开关和达到一定的开启程度），保证水流形态的变化与电控信号和声频信号同步，并保证长时间反复动作不失误，不发生故障。选择电动阀门时要求开启程度与通过的流量呈线性关系为好。采用电磁阀控制水流，一般只有"开""关"两个动作，不能通过开启程度不同去调节流量，故只适用于电控方式而不适用于声控方式。

4. 照射灯具

水景工程的彩光装饰有陆地照射和水下照射两种方式。

对于反射效果较好的水流形态（如冰塔、冰柱等夹气水流），采用陆上彩色探照灯照明照度较强，着色效果良好，并且易于安装、控制和检修，但应注意避免灯光直接照射到观赏者的眼睛。

对于透明水流形态（如射流、水膜等）宜采用水下照明。常用的水下照射灯具有白炽灯和气体放电灯。白炽灯可作聚光照射，也可作散光照射，它灯光明亮，启动速度快，适合自动控制与频繁启动，但在相同照度下耗电较多；气体放电灯耗电少，发热量小（也可在陆上使用），但有些产品启动时间长，不适合频繁启动。

（五）水景水池构造

1. 平面尺寸

水池平面形状可以是多种多样，平面尺寸首先应满足喷头、池内管道、水泵、进水口、溢流口、泄水口、吸水坑等布置要求，同时应保证在设计风速下水滴不致被大量吹出池外。水滴在风力作用下漂移的距离可用式4-4计算：

$$L = 0.0296 \frac{Hu^2}{d} \tag{4-4}$$

式中 L ——水滴漂移距离，m；

　　　H ——水滴的最大升空高度，m；

　　　u ——设计平均风速，m/s；

　　　d ——水滴计算直径，mm。

设计时，还应保证回落到水面的水滴不会大量溅至池外。故水池的平面尺寸边沿应比计算值再加大 0.5~1.0m。

2. 水池的深度

水深应按设备、管道的布置要求确定，一般采用 0.4~0.6m，水池的超高一般采用 0.2~0.3m。如设有潜水泵时，应保证吸水口的淹没深度不小于 0.5m；如在池内设有水泵吸水口时，应保证吸水的淹没深度不少于 0.5m（可设置集水坑或加拦板以减少水池深度）。

浅碟式集水，最小深度不宜小于 0.1m。

3. 溢水口

溢水口有堰口式、漏斗式、管口式、连通式等，可依据具体情况选择。大型水池可均匀地设置若干个溢水口，溢水口的设置不应影响美观，要便于集污和疏通，溢流口处应设格栅和格网。

4. 泄水口

为便于水池的清洗、检修和防止停用时水质变坏或结冰，需设泄水口。一般应尽量采用重力泄水，如不可能时，可利用水泵的吸水口兼作泄水口，利用水泵泄水。池底应有不小于 0.01 的坡度坡向泄水口，泄水口上应设格栅或格网。

5. 水池的结构

小型和临时性水景水池可采用砖结构，但要做素混凝土基础，用防水砂浆砌筑和抹面。对于大型水景水池，常用钢筋混凝土结构，如设有伸缩缝和沉降缝，这些构造缝应设止水带或用柔性防漏材料堵塞。水池底和壁面穿越管道处、水池与管沟或水泵房等连接处都应进行防漏处理。

（六）给水排水管道布置

1. 池外管道

水景工程水池之外的给水排水管道布置，应视水池、水源、泵房、排水管网入口位置以及周边环境确定。由于管道较多，一般在水池周围和水池与泵房之间设专用管廊或管沟，以便维护检修。当管道很多时，可设通行或半通行管廊（沟）。管廊（沟）地面应有不小于 0.005 的坡度坡向水泵或集水坑。集水坑内宜设水位信号装置，以便及时发现漏水现象。管廊（沟）的结构要求与水池相近。

2. 池内管道

大型水景工程的管道可布置在专用管廊（沟）内。一般水景工程的管道可直接设在池内，放置在池底上。小型水池也可埋入池底。为保持每个喷头水压基本一致，宜采用环状配管或对称配管。配水管道的接头应严密平滑，变径处应采用渐缩异径管，转弯处应采用曲率半径大的光滑弯头，以尽量减小水头损失，水力坡度一般采用 $5\sim10\text{mmH}_2\text{O/m}$。

3. 其他

每个喷头前宜设阀门以便调节，每组喷头前也应设调节阀，其阀口应设在能看到射流的泵房或附近控制室内的配水干管上。对于高远射程的喷头，喷头前应尽量保证有较长（20 倍喷嘴口径）的直线管段或加设整流器。

循环加压泵房应靠近水池，以减少管道的长度。

若用生活饮用水作为补充水源时，应采取防止回流污染措施，如设置补水池（箱）并保持一定的空气隔断间隙等。

参考文献

[1] 陈东明. 建筑给排水暖通空调施工图快速识读 [M]. 合肥：安徽科学技术出版社，2019.

[2] 谢玉辉. 建筑给排水中的常见问题及解决对策 [M]. 北京：北京工业大学出版社，2019.

[3] 边喜龙. 给排水工程施工技术 [M]. 北京：中国建筑工业出版社，2019.

[4] 邹声华. 建筑设备安装施工技术 [M]. 长沙：中南大学出版社，2019.

[5] 吴嫡. 建筑给水排水与暖通空调施工图识图 100 例 [M]. 天津：天津大学出版社，2019.

[6] 郭凤双，施凯. 建筑施工技术 [M]. 成都：西南交通大学出版社，2019.

[7] 惠彦涛. 建筑施工技术 [M]. 上海：上海交通大学出版社，2019.

[8] 常建立，尹素花. 建筑施工技术 [M]. 北京：北京理工大学出版社，2019.

[9] 王从军. 建筑施工技术运用 [M]. 哈尔滨：东北林业大学出版社，2019.

[10] 杨谦，武强. 建筑施工技术第 2 版 [M]. 北京：北京理工大学出版社，2019.

[11] 房平，邵瑞华，孔祥刚. 建筑给排水工程 [M]. 成都：电子科技大学出版社，2020.

[12] 张胜峰. 建筑给排水工程施工 [M]. 北京：中国水利水电出版社，2020.

[13] 孙明，王建华，黄静. 建筑给排水工程技术 [M]. 长春：吉林科学技术出版社，2020.

[14] 梅胜，周鸿，何芳. 建筑给排水及消防工程系统 [M]. 北京：机械工业出版社，2020.

[15] 谢兵. 建筑设备安装与调控给排水实训含赛题剖析 [M]. 北京：中国建筑工业出版社，2020.

[16] 李亚峰，王洪明，杨辉. 给排水科学与工程概论第 3 版 [M]. 北京：机械工业出版社，2020.

[17] 王新华. 供热与给排水 [M]. 天津：天津科学技术出版社，2020.

[18] 李联友. 建筑设备施工技术 [M]. 武汉：华中科技大学出版社，2020.

［19］卓刚. 高层建筑设计第 3 版 ［M］. 武汉：华中科技大学出版社，2020.

［20］郝增韬，熊小东. 建筑施工技术 ［M］. 武汉：武汉理工大学出版社，2020.

［21］高将，丁维华. 建筑给排水与施工技术 ［M］. 镇江：江苏大学出版社，2021.

［22］平良帆，吴根平，杜艳斌. 建筑暖通空调及给排水设计研究 ［M］. 长春：吉林科学技术出版社，2021.

［23］赵星明. 给水排水工程 CAD 第 3 版 ［M］. 北京：机械工业出版社，2021.

［24］宋晓明，邓俊杰，李志勤. 21 世纪高等教育给排水科学与工程系列教材建筑给排水工程 BIM 设计 ［M］. 北京：机械工业出版社，2021.

［25］王克河，焦营营，张猛. 建筑设备 ［M］. 北京：机械工业出版社，2021.

［26］金鹏涛，李渐波. 建筑设备第 3 版 ［M］. 北京：北京理工大学出版社，2021.

［27］刘福玲，魏钢. 建筑设备第 2 版 ［M］. 北京：机械工业出版社，2021.

［28］葛万斌，杨学福.《建筑给水排水设计标准》GB 50015-2019 解读与应用 ［M］. 西安：西安交通大学出版社，2021.

［29］王增长，岳秀萍. 建筑给水排水工程第 8 版 ［M］. 北京：中国建筑工业出版社，2021.

［30］方忠祥，戎小戈. 智能建筑设备自动化系统设计与实施 ［M］. 北京：机械工业出版社，2021.